ZAUBER
DER STERNE

STEFAN SEIP ★ GERNOT MEISER ★ BABAK A. TAFRESHI (HRSG.)

ZAUBER DER STERNE

THE WORLD AT NIGHT

★ ★ ★

DIE WUNDER DES
FIRMAMENTS ÜBER DEN SCHÖNSTEN
LANDSCHAFTEN DER ERDE

KOSMOS

INHALT

Vorwort 6
Ranga Yogeshwar

Der Himmel kennt keine Grenzen 8
Gernot Meiser

Der Zauber der Sterne 14
Stefan Seip
   Asien 14
   Europa 46
   Afrika 76
   Nordamerika 102
   Südamerika 134
   Australien und Antarktis 158

Die Kunst, den Nachthimmel zu fotografieren 179
Stefan Seip

Die Menschen hinter der Kamera 188
Stefan Seip

Galerie der Bilder 193
Stefan Seip

Die Schauplätze der Aufnahmen 207

VENUS BEI DEN PLEJADEN

Der Zauber der Sterne hat die Menschen aller Kulturen seit jeher berührt. Unter dem funkelnden Firmament schrumpft die Bedeutung unseres alltäglichen Treibens, und unsere vielfältige Welt wächst zusammen zum gemeinsamen Planeten Erde.

VORWORT

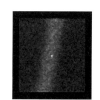

< Aus 6,4 Milliarden Kilometer Entfernung warf die Raumsonde „Voyager 1" im Februar 1990 von den Außenbezirken unseres Sonnensystems einen letzten Blick zurück zur Erde.

Am 14. Februar 1990 blickte die Raumsonde „Voyager 1" ein letztes Mal auf den Ort ihres Ursprungs zurück. Aus einer Distanz von 6,4 Milliarden Kilometern erfasste das kleine Teleskop an Bord der Sonde unsere Erde. Das Ergebnis ist eine Aufnahme, die aus der bislang größten Entfernung unseren Planeten zeigt. Nie zuvor hatten wir Menschen mit so viel Abstand auf uns selbst geblickt. Unser kosmisches Zuhause schien plötzlich zu einem kleinen, fahlen blauen Punkt geschrumpft zu sein, zu einem unscheinbaren Staubkorn in der Unendlichkeit des Raumes.
Auch wenn die Voyager-Aufnahme keinen nennenswerten wissenschaftlichen Wert besitzt, sorgte sie dennoch für einen Perspektivwechsel. Das Bild des fahlen Punktes machte uns klar, dass wir trotz all unserer Geschäftigkeit und Schaffenskraft nur ein winziger Teil eines unermesslich großen Universums sind. Fast hätten wir es vergessen, doch die grellen Schlaglichter unseres Alltags verblassen schnell im Funkeln des Nachthimmels.

✶ ✶ ✶

Dieses Buch zeigt auf einzigartige Weise, in welchem Kontext wir stehen, und sucht nach der Verbindung zwischen unserer Erde und der Welt dort draußen. Manche Aufnahmen entstanden in langen, kalten Nächten, in denen ausdauernde Fotografen das Licht der Sterne einfingen. Der Lohn ihrer Geduld sind Bilder, die unsere Welt in einen tieferen Zusammenhang einbetten. Die Aufnahmen verdeutlichen auf eindringliche Weise, dass wir Menschen zu allen Zeiten und in allen Kulturen vom Zauber der Sterne berührt wurden. Die unterschiedlichen Kontinente und Kulturen verschmelzen plötzlich unter dem einen großartigen Himmel, die glitzernden Sterne werden zum Bindeglied zwischen uns allen. Der Himmel ist grenzenlos und ermutigt auch uns, unsere eigenen Grenzen zu überwinden.

Ranga Yogeshwar

DER HIMMEL KENNT KEINE GRENZEN

Seit jeher sind die Menschen vom Nachthimmel fasziniert. Das sternenübersäte Firmament zieht jeden in seinen Bann, ungeachtet der Unterschiede in Kultur, Nationalität oder Religion. Nicht nur die Probleme des täglichen Lebens werden klein angesichts der Wunder und der Größe des Kosmos. Der Himmel überwindet auch alle Grenzen, er verbindet die Bewohner unseres Planeten miteinander.

Diese globale Perspektive ist das Fundament des internationalen Projekts „The World at Night" (TWAN, www.twanight.org), unter dessen Label sich 30 herausragende Astronomie- und Naturfotografen zusammengefunden haben, um mit ihren Aufnahmen Begeisterung für den Sternenhimmel zu wecken und für gegenseitiges Verständnis, Respekt und Toleranz zu werben. So ist eine umfangreiche Sammlung atemberaubender Fotografien und Zeitrafferfilme der weltweit schönsten Landschaften und Kulturdenkmäler vor den Wundern des nächtlichen Himmels entstanden.

DIE GEBURTSSTUNDE VON TWAN

Schon lange faszinierte den iranischen Amateurastronomen und Naturfotografen Babak Amin Tafreshi die Vorstellung, dass der Himmel Grenzen überschreitet, die auf der Erde manchmal so schwer wiegen. Bei den zahlreichen Präsentationen seiner außergewöhnlich schönen Fotografien stand die Vermittlung dieses Gedankens stets im Mittelpunkt. „One People, One Sky" kristallisierte sich früh als Leitmotiv des frei denkenden Iraners heraus, aus dem letztlich seine Idee zum grenzüberschreitenden Projekt „The World at Night" entstand.

Gemeinsam mit seinem Freund Oshin D. Zakarian begann er, eindrucksvolle Landschaften und Kulturdenkmäler Persiens vor den Schönheiten des nächtlichen Himmels zu fotografieren. Das irdische Motiv – eine Moschee, eine Kirche, ein Feuertempel oder eine bekannte Landschaft – stand stellvertretend für eine Religion, ein Volk oder eine Kultur. Das Bindeglied zwischen den Denkmälern und Wahrzeichen der Völker war für die beiden jungen Fotografen stets der alles überspannende Nachthimmel, der in jeder Kultur von großer Bedeutung ist. „Die Völker der Erde sind wie eine Familie, die unter einem gemeinsamen Dach lebt", so Tafreshis Überzeugung. Entscheidend für die Realisierung seines internationalen Projekts waren getreu der Grundidee schließlich Begegnungen mit Amateurastronomen aus anderen Teilen der Erde.

Als der durch seine vielfältigen astronomischen Aktivitäten bekannte US-Amerikaner Mike Simmons den Iran erstmalig zur Beobachtung der totalen Sonnenfinsternis im Jahr 1999 bereiste, traf Tafreshi auf einen Gesinnungsgenossen: Über die kulturellen und politischen Unterschiede ihrer Nationen hinweg, teilten beide die gleichen Überzeugungen und die gleiche Leidenschaft für die Astronomie. Simmons ermöglichte schließlich – gemeinsam mit dem Deutschen Gernot Meiser und der Französin Pascale

Die gemeinsame Beobachtung des Venustransits vor der Sonne im Jahr 2004 fand bei vielen iranischen und internationalen Amateurastronomen großen Anklang.

Demy – Tafreshis erste Reise in die USA und nach Europa. Eine Kontinente überschreitende Freundschaft begann: Simmons, Meiser, Demy und Tafreshi veranstalteten Vortragsreisen im Iran und beobachteten im Jahr 2004 gemeinsam mit iranischen Studenten, Amateurastronomen, Journalisten sowie einem internationalen Team von Astronomen und Zeitschriftenredakteuren ein außerordentlich seltenes Himmelsereignis: den Transit des Planeten Venus vor der Sonne. Der Erfolg dieser Aktionen bestärkte sie in ihrer Überzeugung, diese internationale Form des Austauschs zu intensivieren.

< In einer vom Mond erleuchteten Winternacht nehmen die Fotografen Babak Tafreshi und Oshin Zakarian (rechts im Bild) den Sternenhimmel über den Gipfeln des Elburs-Gebirges im Norden Irans auf. Über der Lichterglocke der Hauptstadt Teheran strahlt am Horizont die Venus als zweithellstes Gestirn nach dem Mond (oben im Bild).

> Die bekannte amerikanische Western-Landschaft des Monument Valley bildet in diesem Bild die pittoreske Kulisse für den funkelnden Sternenhimmel mit dem rötlichen Planeten Mars links im Bild. Die Aufnahme repräsentiert den „TWAN-Fotostil".

2006 schließlich unterbreitete Tafreshi Mike Simmons seine Vision, die weltbesten Astrofotografen in einem gemeinsamen Projekt zu vereinen. Aus aller Herren Länder sollten Fotografien nach dem Vorbild seiner und Zakarians Aufnahmen zusammengetragen werden. In Simmons fand er sofort einen Unterstützer, der zu dieser Zeit selber an der Gründung einer grenzüberschreitenden Vereinigung von Astronomen aus aller Welt arbeitete, deren Vorsitzender er heute ist: 2007 wurde die internationale Organisation „Astronomers without Borders" (AWB) offiziell ins Leben gerufen. Sie realisiert globale Projekte, bei denen sich Menschen über irdische Grenzen hinweg real oder virtuell unter dem gemeinsamen Himmel begegnen können wie beim grenzüberschreitenden Austausch von Teleskopen, dem Einsatz ferngesteuerter Sternwarten oder bei Multimedia-Projekten zur Astronomie für Kinder und Jugendliche im Internet.

Weihnachten 2007 schließlich war es auch für TWAN soweit: Das Projekt „The World at Night" wurde auf der NASA-Webseite „Astronomy Picture of the Day" offiziell vorgestellt als das erste weltweite Projekt unter dem Dach der Organisation AWB. Eine Aufnahme des Nachthimmels über dem Monument Valley (USA) von Wally Pacholka präsentierte dabei erstmals einer breiten Öffentlichkeit den einzigartigen und unverkennbaren TWAN-Fotostil.

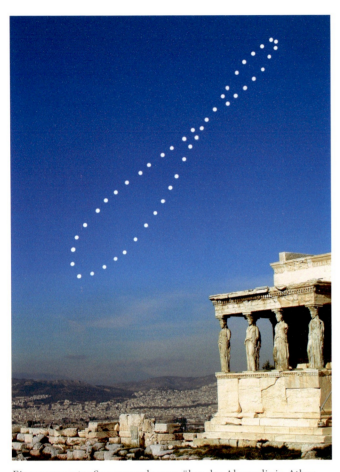

Ein sogenanntes Sonnenanalemma über der Akropolis in Athen. Über ein Jahr hinweg hat der Fotograf die Sonne im Abstand von einigen Tagen immer wieder zur selben Uhrzeit aufgenommen und damit ihre jahreszeitlich wechselnde Höhe am Himmel dokumentiert.

EINE BOTSCHAFT AN DIE WELT

Dem Zauber und der unmittelbaren Schönheit der TWAN-Fotografien kann sich niemand entziehen: Nicht nur fachlich interessierte Betrachter vertiefen sich gerne in die faszinierenden Bildkompositionen, sondern gleichermaßen ein ganz allgemeines Publikum. An diesen magischen Momenten der Nacht (selten auch des Tages) erfreuen sich Auge und Geist, Staunen und Träumen ist erlaubt.

Aber auch das Fachpublikum kommt nicht zu kurz: Zahlreiche Fotos lassen Bewegungen von Himmelskörpern deutlich werden oder zeigen besondere Himmelsereignisse wie Sonnen- oder Mondfinsternisse, außergewöhnliche Konstellationen, Sternschnuppenschwärme, atmosphärische Lichterscheinungen sowie einiges mehr, das sich erst bei einem genaueren Blick vollständig erschließt.

Darüber hinaus transportieren TWAN-Bilder aber eine Reihe weiterer, subtilerer Botschaften. Hierzu gehört zum einen die bereits erwähnte Friedensbotschaft: Fotos aus der ganzen Welt zeigen uns Menschen unseren gemeinsamen Platz im Universum und unterstreichen unsere gemeinsame kosmische Geschichte sowie die Unerlässlichkeit eines Zusammenhalts auch in der Zukunft.

Zahlreiche Bilder führen uns einen Nachthimmel vor Augen, wie man ihn von einem dunklen Ort aus mit bloßem Auge sehen könnte. Das Plädoyer dafür, die Dunkelheit der Nacht zu bewahren gegenüber unserem Bestreben, sie durch immer stärkere Beleuchtung zu vertreiben, wird dabei deutlich. So werden Aufnahmen aus stark lichtverschmutzten Gebieten solchen mit einem wirklich dunklen Nachthimmel gegenübergestellt. Trotz ihrer eigenen Ästhetik sollen die Fotografien hell erleuchteter Städte über die Astronomie hinaus aufmerksam machen auf Umweltaspekte wie Energieverschwendung durch unnötige und falsch installierte Beleuchtung, die durch Kohlendioxid-Emissionen voranschreitende Erderwärmung sowie der negative Einfluss der erhellten Nacht auf die Tierwelt.

Der Himmel verbindet aber nicht nur Orte und Völker miteinander, er überbrückt auch Zeiträume. So gehören Fotografien von Kulturdenkmälern, insbesondere von UNESCO-Weltkulturstätten, zu den bevorzugten Objekten der

Das Band der Milchstraße ist gut sichtbar am dunklen Nachthimmel über dem iranischen Elburs-Gebirge (unten). Am Stadthimmel über der nur 70 Kilometer entfernten Metropole Teheran wird es dagegen von den Lichtern völlig verschluckt (rechte Seite).

> Schon in der Antike leuchtete der Vollmond über der 2500 Jahre alten persischen Residenzstadt Persepolis, deren Ruinen heute zum UNESCO-Weltkulturerbe zählen.

TWAN-Sammlung. Diese historischen Stätten, in der Gegenwart aufgenommen, knüpfen mit dem darüberliegenden Himmel eine zeitlose Verbindung mit unserer Vergangenheit. Wenn der Mond heute seine Bahn über Persepolis zieht, unterscheidet sich diese nur wenig von derjenigen um 320 v. Chr., als Alexander der Große die Stadt in Brand stecken ließ. Betrachter des Bildes können in Gedanken eine Zeitreise von über 2000 Jahren unternehmen – sie sehen die Ruinen der zerstörten Stadt heute, den Himmel jedoch wie damals.

In kleineren Einheiten wird der Ablauf der Zeit noch anschaulicher durch Animationen demonstriert, die von den Fotografen aus Hunderten von Einzelbildern einer Nacht zu Zeitrafferfilmen zusammengesetzt werden. So werden Bewegungen und Abläufe sichtbar, die uns sonst verborgen bleiben.

In TWAN-Fotografien und -Filmen steckt also weit mehr als pure Schönheit oder die Dokumentation eines seltenen Himmelsereignisses. Alles zusammengenommen macht schließlich den ganz eigenen TWAN-Stil der Fotografien aus, der inzwischen internationale Anerkennung findet. Und über die genannten Anliegen hinaus mag die Ästhetik der Bilder vielleicht sogar den einen oder anderen Betrachter dazu verführen, den nächtlichen Himmel einmal wieder selbst zu betrachten, um seine Ruhe und bewahrenswerte Schönheit neu zu entdecken.

DAS TWAN-TEAM

Als „The World At Night" ins Licht der Öffentlichkeit trat, zählte das Team bereits 25 Mitglieder. Babak Tafreshi hatte zunächst ihm bekannte Fotografen hinzugezogen, darunter Oshin Zakarian und Gernot Meiser. Durch die weltweite Vernetzung von AWB gelang den Gründungsmitgliedern die Auswahl weiterer geeigneter Fotografen. Dazu recherchierten sie im Internet, durchforsteten die internationale Presse und machten eigene Vorschläge. So kamen Stefan Seip (Deutschland), Dennis Mammana (USA) und Anthony Ayiomamitis (Griechenland) als weitere Mitglieder hinzu. Tafreshi gelang es, auch weltweit bekannte Persönlichkeiten wie den Fotografen David Malin oder den Finsternisexperten Fred Espenak für seine Ideen und Ziele und schließlich für sein Team zu gewinnen.

Die Aufnahme eines Bewerbers wird teamintern diskutiert, ein neues Mitglied muss eine Reihe von Anforderungen erfüllen. Ein bildgestalterisches Auge und gute astronomische Kenntnisse gehören dabei ebenso zum Handwerkszeug wie eine professionelle Foto-Ausrüstung. Obwohl sich das TWAN-Team aus Fotografen vieler Nationen zusammensetzt, ist Reisefreudigkeit ebenfalls eine Grundvoraussetzung. Wichtig ist es, keine Scheu vor der Begegnung mit fremden Kulturen zu haben, stets allerdings ist es geboten, den Werten und Traditionen anderer Länder mit Respekt zu begegnen.

TWAN-Fotografen sind darüber hinaus „Besessene". Ein großes Maß an Planung und Durchhaltevermögen ist erforderlich bei der Komposition eines Bildes. Die Suche nach einer attraktiven Landschaft unter einem möglichst dunklen Nachthimmel ist zeit- und kräfteraubend, und Aufnahmen spezieller Himmelsereignisse erfordern schon im Vorfeld eine genaue Auseinandersetzung mit dem Motiv. Widrige Umstände in den Wüsten oder den Gebirgsregionen der Erde nehmen viele TWAN-Fotografen für ein gelungenes Bild in Kauf.

Der Ehrenkodex von TWAN verlangt jedoch, gerade im Zeitalter der Digitaltechnik, ausschließlich Bilder ohne Manipulationen zu veröffentlichen. In der Sammlung gibt es demzufolge keine Bildmontagen oder Konstellationen, die in der Natur nicht vorkommen. Ausgenommen hiervon sind Motive, die Bewegungsabläufe verdeutlichen wie Reihenaufnahmen von Finsternissen, die Wanderung eines Planeten über einen längeren Zeitraum hinweg oder ein Sonnenanalemma; Darstellungen also, die mit einer klassischen Mehrfachbelichtung vergleichbar sind. Fotografien dieser Art sind als solche aber entweder sofort erkennbar oder entsprechend beschrieben.

Die TWAN-Fotografen üben ganz unterschiedliche Berufe aus. Sie sind Astronomen, Fotografen, Ingenieure, Redakteure, Handwerker, selbstständige Unternehmer, Computerspezialisten oder Wissenschaftsfotografen. Es verbindet sie, dass ihre Arbeiten auf dem Gebiet der Astronomie und Fotografie überregional publiziert werden. Viele astronomische Bücher und wissenschaftliche Artikel stammen aus ihren Federn, zahlreiche nationale und internationale Auszeichnungen und Preise wurden bereits an Teammitglieder vergeben. So wurde im November 2009 Babak Tafreshi gemeinsam mit der Planetenwissenschaftlerin Carolyn Porco mit dem „Lennart Nilsson Award" für seine Aufnahmen ausgezeichnet.

Sämtliche TWAN-Mitglieder stellen ihre Werke „The World at Night" und „Astronomers without Borders" zur Verfügung und unterstützen damit deren Ziele. Die Fotografien schmücken dabei nicht nur die TWAN-Webgalerien, sondern werden auch im Rahmen von Ausstellungen, Vorträgen oder Workshops präsentiert, die von TWAN oder einzelnen Teammitgliedern organisiert werden. Die gesamte Sammlung ist inzwischen auf über 1500 Aufnahmen angewachsen, monatlich steigt die Zahl um etwa 50 bis 80 Fotografien.

< Schwieriges Gelände, Sand, Kälte oder Hitze halten einen TWAN-Fotografen nicht davon ab, auch in der Wüste oder im Gebirge den Nachthimmel aufzunehmen. Oshin Zakarian und sein Freund Siavash Safarianpour wärmen sich hier nach einer erfolgreichen Fotonacht im Alamut-Tal im Nordwesten Irans am Feuer.

DER HIMMEL KENNT KEINE GRENZEN * 13

Die offizielle Vorstellung des TWAN-Projektes bei der Eröffnungsfeier des Internationalen Jahres der Astronomie in Paris.

Workshops zum Thema „Fotografieren im TWAN-Stil", die wie hier in Neu-Delhi in Indien bereits in verschiedenen Ländern stattfanden, stoßen auf reges Interesse.

Gemeinsam mit AWB veranstaltet TWAN darüber hinaus weltweit Foto-Workshops. Mit großem Erfolg fanden Veranstaltungen dieser Art bereits statt u.a. in Algerien, Iran, Indien, Nepal, Brasilien und Thailand. Teammitglieder geben dabei Tipps und Anregungen zur Fotografie im TWAN-Stil. Ergänzend dazu werden Multivisionen mit Live-Musik, Filmen und Diashows auf einer großen Leinwand präsentiert.

Neben Ausstellungen und Workshops ist für die Zukunft auch die Produktion von TV-Dokumentationen und DVDs geplant. Nicht zuletzt soll das TWAN-Team weiter wachsen. Denn in zahlreichen Ländern der Erde leben und arbeiten weitere potenzielle TWAN-Fotografen, die die weltweite Sammlung faszinierender Aufnahmen des nächtlichen Himmels noch um viele Schätze bereichern können.

AKTIVITÄTEN IN VERGANGENHEIT UND ZUKUNFT

Das Internationale Jahr der Astronomie 2009 (IYA) machte „The World At Night" mit einem Schlag bekannt, da die UNESCO und die Internationale Astronomische Union (IAU) TWAN zu einem „Special Project" des Jahres ernannten. Zur Einstimmung auf das Astronomiejahr wurde von den Initiatoren ein Videotrailer produziert, in dem Filme und Fotografien von TWAN präsentiert wurden. Die offizielle Vorstellung des TWAN-Projektes durch Catherine Cesarsky (Präsidentin der IAU) und eine umfangreiche Fotoausstellung anlässlich der Eröffnungsfeier des IYA in Paris läuteten daraufhin ein erfolgreiches Jahr ein. Zahlreiche TWAN-Ausstellungen folgten z.B. in Berlin, Stuttgart, Köln, Bangkok, Seoul, Turin, Mississippi, Budapest, Neu-Delhi, Stockholm. Wanderausstellungen sind unterwegs, unter anderem in Deutschland, Skandinavien, Iran, USA, Korea, Chile und Brasilien.

> Das jüngste TWAN-Mitglied Amir H. Abolfath bereicherte die TWAN-Galerie um diese Langzeitbelichtung. Sie zeigt am Himmel die Bahnen der Sterne und auf der Erde die Leuchtspuren der Taschenlampen von rund 200 Amateurastronomen innerhalb von sechs Stunden. Sie hatten sich der Herausforderung eines Messier-Marathons gestellt: Alle 110 Himmelsobjekte, die der französische Astronom Charles Messier im 18. Jahrhundert katalogisiert hatte, sollten in einer Frühjahrsnacht beobachtet werden.

ZAUBER DER STERNE ✶ ASIEN

ASIEN

Asien ist flächenmäßig mit Abstand der größte aller Kontinente, er stellt etwa ein Drittel der gesamten Landmasse und ist Heimat für rund vier Milliarden Menschen. Das entspricht über 60 Prozent der Weltbevölkerung. Allein Indien und China zählen jeweils mehr als eine Milliarde Einwohner. Im Vergleich zu anderen Kontinenten sind die Grenzen Asiens aber nicht fest von der Natur vorgegeben, sondern verlaufen bei der Abgrenzung gegen Europa recht willkürlich. Tatsächlich gibt es den geografisch-geologischen Begriff „Eurasien", der Asien und Europa zusammenfasst. Willkürlich ist auch die geografische Eingliederung der Arabischen Halbinsel zu Asien, obwohl diese geologisch zu Afrika zu rechnen ist.

ÜBERWIEGEND IST ASIEN ein Kontinent der nördlichen Erdhalbkugel. Der am weitesten im Norden liegende Punkt befindet sich nördlich der Taimyr-Halbinsel in Nordsibirien auf einer Inselgruppe, die bis zu 81 Grad geografischer Breite in das Eismeer ragt. Der hellste Fixstern, Sirius im Großen Hund, geht dort niemals auf, dafür ist die Zahl der zirkumpolaren Sternbilder groß, die immer über dem Horizont steht. Die jährlichen Perioden mit Mitternachtssonne und Polarnächten sind lang. Die Maximalhöhe der Sonne über dem Horizont beträgt nur knapp 33 Grad! Auch der Mond bleibt an diesem unwirtlichen Ort in vielen Nächten unter dem Horizont, wenn er sich in südlichen Regionen des Tierkreises aufhält. Nach Süden reicht Asien mit dem Südzipfel der Malaien-Halbinsel bis knapp an den Äquator, die südöstlichsten Inseln des Indonesischen Archipels befinden sich sogar auf der Südhalbkugel der Erde und erreichen etwa zehn Grad südliche Breite. Nicht nur die klimatischen Verhältnisse sind hier gänzlich verschieden, sondern auch die Geschehnisse am Himmel. Sonne und Mond ziehen eine steile Bahn über das Firmament. Im Jahreslauf können fast alle Sternbilder der nördlichen sowie der südlichen Hemisphäre beobachtet werden.

* * *

Alle Klimazonen der Erde sind in Asien vertreten. Das Spektrum reicht von den Tropen in Teilen Indiens und Südostasiens über die Subtropen in Regionen Chinas, Indiens, dem Mittleren und Nahen Osten sowie der Arabischen Halbinsel, warm- und kaltgemäßigtem Klima in weiten Arealen von Russland und China bis hin zu den subpolaren und polaren Regionen der Nordküste Russlands am Arktischen Ozean.

WAS HOHE BERGE betrifft, ist Asien nicht zu schlagen, schließlich liegt das mächtige Himalaja-Gebirge auf seinem Terrain. Vom indischen Subkontinent aus gesehen, hat es sich in nördlicher Richtung aufgefaltet, als die indische Kontinentalplatte nach Norden driftete und mit der asiatischen Platte kollidierte; ein Prozess, der bis heute noch nicht abgeschlossen ist. Zusammen mit dem Karakorum-Gebirge, das sich nördlich anschließt und zum Himalaja-System gehört, sind alle 14 Achttausender der Erde hier zu finden, und zwar auf den Staatsgebieten von Nepal, Pakistan, Indien und China. Der höchste davon ist der Mount Everest mit 8848 Metern. Neben den Bergen gibt es in Asien unterschiedlichste Naturräume. Herausgegriffen werden sollen an dieser Stelle noch die Wüsten, von denen die Wüste Gobi in der Mongolei, die fünftgrößte Wüste der Welt, die bekannteste sein mag. Rekordmeldungen bei den Gewässern betreffen zum Beispiel den Baikalsee in Sibirien, den auf sein Volumen bezogen größten, tiefsten und ältesten Süßwassersee der Erde, sowie das Kaspische Meer, das von fünf Anrainerstaaten umgeben ist und flächenmäßig der größte See unseres Planeten ist.

* * *

Das Gefälle von Arm zu Reich ist in Asien stark ausgeprägt. Viele asiatische Staaten verfügen über keine nennenswerten Rohstoffe, sind aufgrund ihrer Topografie landwirtschaftlich geprägt

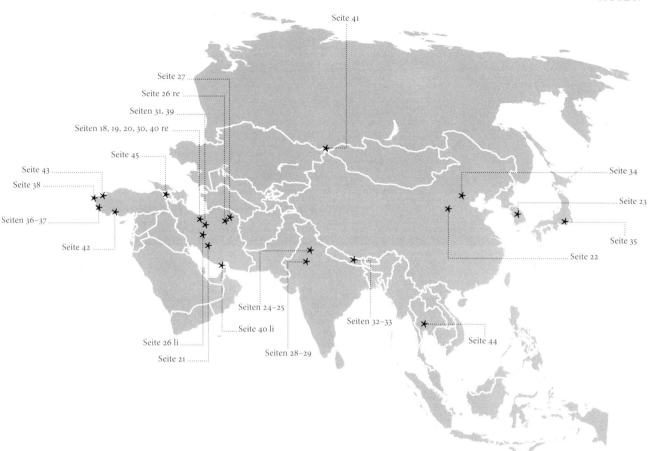

oder leiden unter Krieg, Korruption und Misswirtschaft. Länder wie zum Beispiel Afghanistan, Armenien, Myanmar, Laos, Kambodscha und Vietnam sind hier zu nennen und gelten als Entwicklungsländer oder befinden sich zumindest an der Schwelle dazu. Die Volksrepublik China und Indien hingegen nehmen eine Entwicklung, die mehr und mehr aus dieser Zone herausführt. Demgegenüber stehen die Industrie- und Technologiezentren Asiens wie Japan, Singapur, Taiwan, Südkorea und Hongkong, die eine in etlichen Bereichen weltweit führende Rolle innehaben.

DIESE UNGLEICHMÄSSIGE Verteilung der wirtschaftlichen Position spiegelt sich auch wider, wenn man Asien bei Nacht betrachten würde. Praktisch alle Industrienationen des Kontinents sind hell erleuchtet und rauben so vielen ihrer Bewohner die Pracht eines dunklen Sternenhimmels. Regionen mit ausgesprochen wenig nächtlichem Streulicht finden sich vor allem im Himalaja-Gebiet, in Afghanistan und Teilen von Saudi-Arabien, China, Russland und der Mongolei. Hervorstechend ist die enorme Lichtemission Indiens.

IN ASIEN LIEGT die Wiege vieler Kulturen und aller Weltreligionen. Frühe Hochkulturen entwickelten sich schon ab dem Jahr 4000 v. Chr., bei denen vor allem die Domestizierung von Nutztieren, die Entwicklung der Schrift, der Gebrauch von Bronze und die Erfindung des Rads eine Rolle spielten. In Küstenregionen entstand ein Handel durch Schifffahrt, was wiederum Wissenschaften wie die Mathematik und Astronomie beflügelte. Nennenswert waren auch wachsende Erfolge beim Ackerbau durch die Schaffung von Bewässerungssystemen. Spätere Kulturen wie zum Beispiel in Japan, China, Indien, Persien sowie Babylonien und Assyrien waren Keimzellen für wichtige Errungenschaften der Menschheit in technischer, architektonischer, wissenschaftlicher, sozialer, politischer, religiöser, medizinischer und philosophischer Hinsicht, um nur einige Bereiche zu nennen. Sie beeinflussten maßgeblich auch spätere Kulturen bis hin zu heutigen Staats- und Gesellschaftsformen.

* * *

In Asien sind gleich mehrere raumfahrende Staaten ansässig: Russland, Indien, Japan, China, Iran, Israel und Südkorea sind auf diesem Feld aktiv, allerdings mit unterschiedlichem Erfolg. Auf dem Gebiet der bemannten Raumfahrt waren von den aufgezählten Staaten bislang vor allem Russland, aber auch China tätig, während Indien 2008 eine erfolgreiche Mondkundungssonde feierte und ebenfalls plant, Menschen in den Weltraum zu bringen.

DIE ZEIT GROSSER Teleskope in Asien hingegen scheint vorerst vorbei zu sein. Noch in der zweiten Hälfte des letzten Jahrhunderts bemühte sich zumindest Russland, bei den großen, erdgebundenen Teleskopen mit anderen Nationen mitzuhalten. 1977 ging das seinerzeit größte Spiegelteleskop der Welt mit sechs Meter Durchmesser in der Nähe der Stadt Selentschuk im nördlichen Kaukasus in Betrieb. 1974 installierte man auf einem Kreis mit 576 Meter Durchmesser das bis heute größte Radioteleskop der Welt, allerdings in Form vieler einzelner, kleinerer Reflektoren. Beide Teleskope stellten aufgrund der Abmessungen zwar Weltrekorde auf, konnten aber qualitativ diesem Anspruch nie gerecht werden. Nennenswert ist jedoch das japanische Nobeyama-Radioobservatorium 120 Kilometer westlich von Tokio.

DAS BEDEUTET aber nicht, dass astronomisches Engagement asiatischer Staaten fehlen würde. Nur wählen sie als Standort für ihre Anlagen andere Kontinente. Japan zum Beispiel betreibt sein größtes Teleskop, das Subaru-Teleskop mit 8,2 Meter Durchmesser, auf dem Mauna Kea in Hawaii. Für den gleichen Standort entschied sich Taiwan beim Bau einer großen Radioteleskopanlage.

EINE NACHT IM GEBIRGE

Über einem Städtchen im iranischen Elburs-Gebirge umkreisen die Sterne in einer klaren Mondnacht den Himmelsnordpol. *Elburs-Gebirge, Iran*

VULKAN IM BLÜTENMEER

Vom Mond beschienene rote Blüten wogen in dieser Frühlingsnacht am Fuße des Vulkans Damāvand, der höchsten Erhebung des Elburs-Gebirges.
Elburs-Gebirge, Iran

ERSTES MORGENROT

Die Nachtstunden weichen, der Morgen naht und taucht den Vulkankegel des Damāvand ins erste Licht des Tages. *Elburs-Gebirge, Iran*

STERNSPUREN * ASIEN * 21

BLICK IN DIE VERGANGENHEIT

Die Sternspuren zeigen die Zeit an, die über den mehr als 2000 Jahre alten Ruinen der altpersischen Stadt Persepolis verrinnt. *Persepolis, Iran*

STERNKREISEL MIT RAHMEN

Wie zur Blütezeit der Seidenstraße kreisen die Sterne über einem historischen Haus in der alten chinesischen Finanzmetropole Pingyao. *Shanxi, China*

> METEORE GEGEN STERNSPUREN

Während die Leuchtspuren von Sternschnuppen schnell vorbeihuschen, zeigen sich die gebogenen Sternspuren nur auf langbelichteten Aufnahmen. *Sobaeksan-Gebirge, Korea*

>> BRACHTE DIE VENUS DEN TOD?

Der Vollmond erhebt sich über dem Mausoleum des indischen Großmoguls Humayun, der angeblich in den Tod stürzte, nachdem er die Venus beobachtet hatte. *Delhi, Indien*

Mond und Venus treffen sich zum Rendezvous über der reich verzierten Schah-Moschee der persischen Stadt Isfahan. *Isfahan, Iran*

Durch das Dach dieses Mausoleums lugt die helle Mondsichel. Aber auch die dunkle Mondseite ist in einem fahlen, grauen Licht erkennbar. *Nischapur, Iran*

> MONDAUFGANG ÜBER MASCHHAD

Zahlreiche Pilger besuchen das Grabmal eines schiitischen Imams, über dem der Vollmond in die Nacht aufsteigt. *Maschhad, Iran*

>> STERNWARTE OHNE TELESKOPE

Die Sonne versinkt über dem historischen Stein-Observatorium Jantar Mantar, das kein einziges Teleskop beherbergt. *Jaipur, Indien*

< HIMMLISCHER FRÜHLINGSGRUSS

Auf den mondbeschienenen Hochebenen des Elburs-Gebirges im Iran grüßt der Frühling mit leuchtenden Blüten und versinkenden Wintersternbildern.
Elburs-Gebirge, Iran

> WÜSTENSAND UND STERNE

Der helle Planet Saturn dominiert den nächtlichen Frühlingshimmel über den Dünen der iranischen Kavir-Wüste. *Kavir, Iran*

>> ÜBER DEM DACH DER WELT

Über den gewaltigen Gipfeln des Himalaja-Massivs funkelt ganz rechts im Bild der kleine Sternhaufen der Plejaden im Sternbild Stier. *Himalaja, Nepal*

32 * ASIEN * STERNE UND STERNBILDER

WELTWUNDER UNTER STERNEN

Der „immerwährende" Sternenhimmel strahlt glanzvoll über der vom Mond beschienenen uralten Chinesischen Mauer. *Region Peking, China*

WINTERLICHER SCHWANENSEE

Schwäne schlafen am Fuße des Fuji, des höchsten Berges in Japan, über dessen Vulkankegel das markante Wintersternbild Orion strahlt. *Fuji, Japan*

38 * ASIEN * DAS BAND DER MILCHSTRASSE

<< DIE STRASSE ZU JUPITER

Der helle Planet Jupiter scheint den Weg längs der Kuretenstraße im alten Ephesus zu weisen.
Ephesus, Türkei

JUPITER UND ARISTOTELES

Fernab dem Band der Milchstraße leuchtet der strahlende Planet Jupiter über den Ruinen von Assos, einer Stadt, in der auch Aristoteles eine Zeitlang weilte. *Assos, Türkei*

LIEGENDE MILCHSTRASSE

In den frühen Morgenstunden einer Winternacht kriecht über der iranischen Wüste Kavir das Band der Sommermilchstraße langsam über den Horizont. *Kavir, Iran*

FENSTER ZUM ALL

Nur einen schmalen Blick geben die riesigen, engen Felswände auf der Insel Qeshm im Persischen Golf auf die Milchstraße frei. *Qeshm, Iran*

LEUCHTENDES HIMMELSBAND

In einer klaren, dunklen Gebirgsnacht zeigen sich die hellen Sternwolken nahe dem Zentrum unserer Milchstraße in den Sternbildern Schütze und Skorpion. *Elburs-Gebirge, Iran*

DAS BAND DER MILCHSTRASSE * ASIEN * 41

SIBIRISCHE SOMMERNACHT

Über dem Fluss Chuya an der südlichen Grenze Sibiriens tauchen gegen Ende der Abenddämmerung die Sommermilchstraße und der Planet Jupiter auf.
Altai-Gebirge, Russland

42 * ASIEN * HIMMELSSCHAUSPIELE

VERFFINSTERTE SONNEN-ACHT

Das Bild zeigt den variierenden Sonnenstand im Laufe eines ganzen Jahres. Als Höhepunkt und Abschluss der Fotoreihe nahm der Fotograf die Sonne während einer Finsternis auf. *Side, Türkei*

ABENDTANZ DER VENUS

Über sieben Monate hinweg wurde hier die Bewegung des Planeten Venus am Abendhimmel dokumentiert.
Bursa, Türkei

BLITZLICHT IN DIE VERGANGENHEIT

Ein beeindruckender Gewitterblitz taucht die historische Tempelanlage „Wat Phra Si Sanphet" in ein gespenstisches Licht. *Ayutthaya, Thailand*

LIGHTSHOW AM ABENDHIMMEL

Wolken und Mondlicht verleihen dieser Aufnahme
einen besonderen Reiz, wenngleich sie astronomische
Beobachtungen an der Sternwarte verhindern.
Byurakan-Observatorium, Armenien

ZAUBER DER STERNE ✶ EUROPA

EUROPA

Europa ist nach Australien der zweitkleinste aller sieben Kontinente, er ist jedoch mit mehr als 700 Millionen Menschen dicht besiedelt. Genau betrachtet ist Europa eigentlich ein Subkontinent Eurasiens, denn die Grenze zu Asien ist eine willkürliche. Doch kulturell und politisch, vor allem aber wirtschaftlich und historisch ist die Betrachtungsweise als eigener Kontinent zu begründen. In nicht weniger als 47 souveräne Staaten ist der kleine Kontinent aufgeteilt, 26 europäische Staaten haben sich derzeit zur Europäischen Union zusammengeschlossen.

DER NÖRDLICHSTE PUNKT Europas liegt auf der von Norwegen verwalteten Inselgruppe Spitzbergen, die sich zwischen dem 74. und 81. Breitengrad erstreckt. Das ist jenseits des nördlichen Polarkreises, was bedeutet, dass es im Sommer die Mitternachtssonne und im Winter ewig finstere Polarnächte gibt. Südlich gelegene Sternbilder wie Schütze und Skorpion sind dort niemals zu sehen. Im Gegenzug gehören prächtige Polarlichter bei klarem Himmel zum Standardprogramm. Die südlichste Spitze Europas bildet die vor der Küste Kretas gelegene griechische Insel Gavdos, knapp südlich des 35. Breitengrads Nord. Europa liegt demnach vollständig auf der Nordhalbkugel der Erde. Dennoch ist von Südeuropa aus knapp über dem Horizont auch Canopus zu sehen, der zweithellste aller Sterne im südlichen Sternbild Schiffskiel. Das Sternbild „Kreuz des Südens" bleibt aber unsichtbar. Europa liegt in den gemäßigten Breiten, nur die südlichsten Teile zählen zur subtropischen, die nördlichsten zur subpolaren Zone.

TOPOGRAFISCH IST EUROPA stark zergliedert. Wichtige Gebirge des Kontinents sind vor allem die Alpen, die Pyrenäen, der Ural, der Apennin und die Karpaten. Je nach Grenzfestlegung zu Asien müsste auch der Kaukasus erwähnt werden. Lässt man ihn weg, ist der Mont Blanc in den Alpen an der Grenze Italiens zu Frankreich mit 4810 Metern die höchste Erhebung.

✶ ✶ ✶

Der Süden des Kontinents wurde vermutlich schon vor 1,2 Millionen Jahren von Vorfahren des heutigen Menschen besiedelt, Gebiete nördlich der Alpen vor 600 000 Jahren. Der Homo sapiens betrat vor 35 000 Jahren die europäische Bühne und startete in der Jungsteinzeit und Bronzezeit eine lange Geschichte mit beachtlichen kulturellen und wirtschaftlichen Leistungen. Frühe Zivilisationen entstanden in Griechenland und auf der Insel Kreta im Jahr 2000 v. Chr., sie entwickelten Philosophie, Wissenschaft, Politik, Sport, Theater, Musik und auch die Astronomie bedeutend weiter. Etwa zeitgleich beherrschten die Kelten große Teile Nordeuropas. Später war es vor allem das Römische Reich, das auf hoher Entwicklungsstufe stehend in Europa den Ton angab. Der Beginn seines Zerfalls war die Geburtsstunde einiger heute noch existierender Nationen. Nach dem Mittelalter, der Renaissance und Reformation entstanden in Europa erste Demokratiebewegungen, aber auch naturwissenschaftliche Leistungen, die im späten 18. Jahrhundert die Industrielle Revolution auslösten und damit auch die Grundlage für den Kapitalismus schufen. Zeitgleich legte die Französische Revolution das Fundament für das noch heute gültige Modell einer modernen Staats- und Gesellschaftsform mit Achtung von Freiheit, Gleichheit und Menschenrechten. Zahlreiche Kriege fanden in Europa statt, die im 20. Jahrhundert mit dem Ersten und Zweiten Weltkrieg ihre traurigen Höhepunkte erreichten. Es zeigen sich heute aber Tendenzen, die politische Teilung Europas als Folge des letzten Weltkriegs nach und nach zu überwinden.

IM WELTWEITEN VERGLEICH kann sich der Bildungs- und Lebensstandard in Europa sehen lassen. Alle europäischen Staaten verfügen über eine Schul- oder Bildungspflicht, in vielen Städten

sind renommierte Universitäten ansässig. Einen Mangel an Nahrungsmitteln gibt es kaum, eher Probleme durch Überproduktion und Fettleibigkeit. Das Kulturangebot der Städte ist attraktiv und die lange Tradition von Kunst, Literatur, Architektur und Musik wird gepflegt und in Einrichtungen wie Theatern und Museen zugänglich gemacht. Eine soziale Herausforderung in Europa ist die in vielen Staaten seit Jahren und Jahrzehnten anhaltend hohe Arbeitslosigkeit.

* * *

Eine besondere Rolle spielt Europa, wenn es um die Grundlagen der modernen Astronomie geht. Einen wichtigen Fund für die Archäoastronomie stellte die Himmelsscheibe von Nebra dar, die 2002 geborgen wurde und ein ungefähres Alter von 3600 Jahren hat. Noch bekannter sind prähistorische Kultstätten mit astronomischem Hintergrund, etwa die Anlage Stonehenge in England. Wegweisende Erkenntnisse stammen von griechischen Philosophen und Astronomen, die nicht nur die Kugelgestalt der Erde erkannten, sondern sogar deren Durchmesser zu ermitteln imstande waren. Auch der Wandel vom geozentrischen Weltbild zur Einsicht, dass die Erde um die Sonne kreist, ist eine Leistung europäischer Denker. Schon in Griechenland wurde dieses Modell diskutiert, aber erst durch Entdeckungen von Johannes Kepler und Galileo Galilei bewiesen. Die Trennung der Astrologie von der Astronomie, die erstmalige Nutzung des Fernrohrs 1609, die Entdeckung von Uranus, die Keplerschen Gesetze, die letztlich zur Bahnberechnung und Entdeckung von Neptun führten, die Erfindung der Fotografie, die Grundlagen der modernen Quanten- und Teilchenphysik und nicht zuletzt die Erkenntnisse der Relativitätstheorie sind europäische Errungenschaften, ohne die die moderne Astronomie nicht vorstellbar wäre. Dabei erhebt die Aufzählung keineswegs den Anspruch auf eine auch nur annähernde Vollständigkeit.

ENTSPRECHEND GROSS war die Zahl der Sternwarten in Europa. Praktisch die gesamte Entwicklung professioneller Observatorien bis zum Beginn des 20. Jahrhunderts hat sich im Wesentlichen auf europäischem Boden abgespielt, gegen Ende mehr und mehr abgelöst von amerikanischen Instrumenten. Zahlreiche dieser historischen Sternwarten existieren noch und können besichtigt werden. Doch die Zeit der großen Profisternwarten in Europa ist vorbei. In Betrieb ist noch das Calar-Alto-Observatorium in Südspanien, dessen größtes Teleskop 3,5 Meter Durchmesser hat. Anders sieht es im Bereich der Radioastronomie aus: In Effelsberg bei Bad Münstereifel in Deutschland steht mit 100 Meter Antennendurchmesser eines der weltweit größten beweglichen Radioteleskope. Anders sieht es ebenfalls aus, wenn man La Palma und Teneriffa betrachtet, die geografisch zwar zu Afrika gerechnet werden, politisch aber zu Spanien gehören (vgl. S. 78).

DAS ASTRONOMISCHE INTERESSE in Europa ist so ausgeprägt wie eh und je, die Teleskope jedoch stehen inzwischen bevorzugt in Chile. Ein wichtiger Grund dafür sind die Wetterverhältnisse in weiten Teilen Europas, aber auch die starken Lichtemissionen der zahlreichen Ballungszentren. Kein zweiter der hier besprochenen sechs Kontinente präsentiert sich bei Nacht aus dem All in einer derartigen Lichtfülle. Ein fast lückenloses Netz aus beleuchteten Städten und Straßen durchzieht den gesamten Kontinent und macht die Suche nach einem schönen Ort zum Sterneschauen fast zu einem Spießrutenlauf. Freilich bieten weniger stark besiedelte Regionen rühmliche Ausnahmen, etwa der Norden Skandinaviens oder Teile der Alpen. Dennoch gehört für die meisten europäischen Bürger Reisen zum Pflichtprogramm, wenn sie einen durch irdisches Streulicht ungetrübten Sternenhimmel erleben oder fotografieren möchten.

SPIEGELBILD VON MOND UND SONNE

Nacheinander spiegeln sich an einem Morgen die Mondsichel (linke Spur) und die durch einen Filter abgeschwächte Sonne in einem See, was durch mehrere Stunden Belichtungszeit in einem Bild festgehalten wurde. *Nähe Helsinki, Finnland*

ANGELPUNKT DES HIMMELS

kalten Winternacht ziehen die Sterne
eitbelichtung ihre Kreise um den
ol. *Nähe Helsinki, Finnland*

RAUMSTATION IM ANFLUG

Wenige Minuten nur dauert das leuchtende Gastspiel der Internationalen Raumstation am Himmel über einer kleinen Kapelle in Ungarn. *Veszprém, Ungarn*

STERNENNACHT IN DER BRETAGNE

In einer Winternacht spiegelt sich in einem ruhigen Gewässer die unterschiedlich gekrümmte Bewegung der Sterne am Himmel. *Bretagne, Frankreich*

54 * EUROPA * MOND UND SONNE

DIE SONNE AM TIEFPUNKT

Der flache Tagbogen der Wintersonne am kürzesten
Tag des Jahres über der baskischen Stadt San Sebastián.
San Sebastián, Spanien

ASCHGRAUES MONDLICHT

Die von der Erde aschgrau beleuchtete „dunkle" Mondseite ergänzt die im Sonnenlicht hell leuchtende Mondsichel am farbenfrohen Dämmerungshimmel zu einem runden Mondglobus. *Vallentuna, Schweden*

MONDSICHEL ÜBER ISTANBUL

Golden glänzt die historische Altstadt von Istanbul unter einem stimmungsvollen Abendhimmel und der schmalen Mondsichel. *Istanbul, Türkei*

MOND UND SONNE * EUROPA * 57

ROTE SONNENGLUT

Ein Kloster nördlich von Athen dient als Kulisse für den grandiosen Untergang der glutroten Abendsonne. *Oropos, Griechenland*

FLUGTICKET ZUM MOND

Obwohl die Sonne hier bereits untergegangen ist, erreichen ihre goldenen Strahlen noch den Kondensstreifen des Flugzeugs, das die extrem schmale Mondsichel passiert. *Stuttgart, Deutschland*

STELLDICHEIN AM MORGENHIMMEL

Am herbstlichen Morgenhimmel treffen die Planeten Merkur, Venus und Saturn mit dem Mond zusammen.
Nördlingen, Deutschland

EINGERAHMTER VOLLMOND

Der von leichter Bewölkung verdunkelte Vollmond bekommt einen angemessenen Rahmen.
Bretagne, Frankreich

ABENDSONNE IM HOHEN NORDEN

Malerisch scheint die Abendsonne in flachem Winkel in den See einzutauchen, typisch für den hohen Norden.
Nähe Helsinki, Finnland

WOLFSMOND

Der Januarvollmond, auch Wolfsmond genannt,
leuchtet fahl über den Wäldern des Bakony-Gebirges.
Veszprém, Ungarn

HINKELSTEINE UNTER STERNEN

Sterne und Mondlicht über den Menhiren bei Carnac verstärken die magische Stimmung dieser uralten Kultstätte. *Bretagne, Frankreich*

STERNE UND STERNBILDER ★ EUROPA ★ 63

WINTERNACHT AM MATTERHORN

Für manch einen ist er der schönste aller Berge: das Matterhorn. Sein mondbeschienener Gipfel ragt hier spitz in den winterlichen Nachthimmel auf. *Alpen, Schweiz*

HIMMLISCHER CHRISTBAUMSCHMUCK

Wie Weihnachtskugeln präsentieren sich die Sterne an Heiligabend mit dem Sternbild Orion und dem Sternhaufen der Plejaden hier, etwas nördlich von Stockholm. *Vallentuna, Schweden*

MILCHSTRASSE * EUROPA * 67

STEINERNE HIMMELSBEOBACHTER

Zahlreiche helle Stern- und dunkle Staubwolken zieren das Band der Sommermilchstraße, das hinter den Steinmännchen von Lesconil in den Atlantik einzutauchen scheint. *Bretagne, Frankreich*

< TUNNELBLICK NACH OBEN

Das Loch im Dach der mittelalterlichen Kapelle bei Languidou lenkt den Blick geradezu auf die sommerliche Milchstraße am Himmel. *Bretagne, Frankreich*

> SATELLITENBLITZ AM HIMMEL

Quer zum Band der Milchstraße, innerhalb des hellen Sommerdreiecks, reflektiert ein Iridium-Satellit das Sonnenlicht, während der Mond am Horizont untergeht. *Hedesunda, Schweden*

DIE FARBEN DES NORDENS

Immer wieder wogen Polarlichter wie grüne und rote Vorhänge über den Sternenhimmel der nördlichen Länder Europas. *Fosen, Norwegen*

SCHWARZE SONNE ÜBER DEM KAUKASUS

Hoch am Himmel steht im März 2006 die vom Mond verfinsterte Sonne, während der Horizont rundum in rötliches Dämmerlicht gehüllt ist. *Kaukasus, Russland*

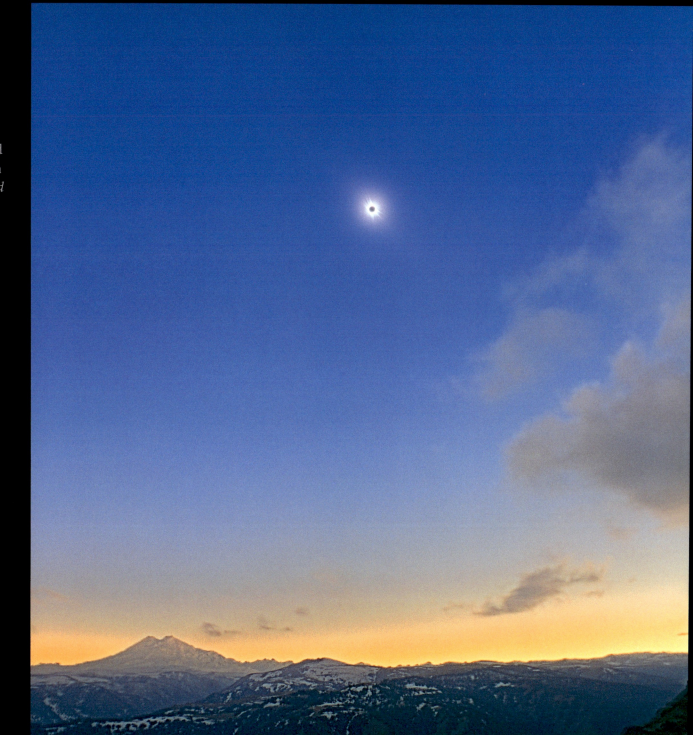

BLITZ, DONNER UND DIE PLEJADEN

Ein heller Blitz zuckt über den Nachthimmel, über der sich auftürmenden Gewitterwolke ist der Sternhaufen der Plejaden nur noch zu erahnen. *Nähe Helsinki, Finnland*

KIEFERN-KORONA UM DEN MOND

Zahlreiche Kiefernpollen in der Luft sind die Ursache für diese ovale Korona um den Mond.
Vallentuna, Schweden

LICHTSPEKTAKEL AURORA

So nennt man auch ein Polarlicht. Dieses Himmelsschauspiel tritt auf, wenn Partikel von der Sonne Teilchen der Erdatmosphäre zum Leuchten anregen. *Nähe Helsinki, Finnland*

SCHWEIFSTERN ÜBER STONEHENGE

Der helle Komet Hale-Bopp bereicherte im Jahr 1997 den Sternenhimmel über den Megalithstrukturen von Stonehenge. *Stonehenge, England*

< LICHTRING UM DEN MOND

Durch Eiskristalle in der Luft kann ein Halo um den Mond entstehen, so wie in dieser bretonischen Winternacht. *Bretagne, Frankreich*

> KOMET ÜBER DEN WOLKEN

Obwohl der Komet McNaught auf der Südhalbkugel der Erde einen weit spektakuläreren Anblick bot (vgl. S. 175 f.), machte er zu Jahresbeginn 2007 auch über Spanien eine gute Figur. *Katalonien, Spanien*

ZAUBER DER STERNE ✶ AFRIKA

AFRIKA

Afrika ist der zweitgrößte Kontinent der Erde, er stellt 22 Prozent der gesamten Landfläche und beherbergt knapp eine Milliarde Menschen, das sind etwa 15 Prozent der Weltbevölkerung. Der Kontinent erstreckt sich beiderseits des Äquators, von etwa 37 Grad nördlicher Breite in Tunesien bis fast 35 Grad südlicher Breite am Kap Agulhas in Südafrika. Bei dieser Ausdehnung werden mehrere Klimazonen überdeckt, von den Tropen im Äquatorbereich, den Subtropen nördlich und südlich davon bis hin zu vereinzelt vorkommenden, warmgemäßigten Zonen.

DEMENTSPRECHEND VIELSEITIG ist auch die naturräumliche Gliederung. Dazu gehören extrem trockene Wüsten auf der einen Seite, etwa die Sahara, die größte Trockenwüste der Erde im Norden des Kontinents, oder die Namib- und die Kalahari-Wüste. Aber auch enorm artenreiche tropische Regen- und Feuchtwälder bereichern die Natur, vor allem im Westen Afrikas in Äquatornähe. Im Randbereich der Wüsten haben sich Dornenstrauch-, Trocken- und Feuchtsavannen ausgebildet, die ebenfalls einen bedeutenden afrikanischen Lebensraum stellen. Eine davon ist die Serengeti, die Teile von Tansania und Kenia bedeckt und die für ihre mächtigen Tierherden berühmt ist. Nordwestlich des afrikanischen Festlands befinden sich die Kanarischen Inseln, die zwar politisch zu Spanien, geografisch aber ebenfalls zu Afrika gehören.

AFRIKA WIRD ALS die Wiege der Menschheit bezeichnet. Es gilt als gesichert, dass die Wurzeln des Homo sapiens in Afrika liegen, hier fand die Evolution von den Menschenaffen (Hominiden) zum modernen Menschen statt. Während die ersten Hominiden vor etwa sechs bis sieben Millionen Jahren lebten, spazierte der erste aufrecht gehende Mensch vor etwa 1,5 bis zwei Millionen Jahren durch die afrikanische Steppe. Früheste Funde von Überresten eines Homo sapiens reichen rund 160 000 Jahre zurück. Auch einige der ersten Hochkulturen entwickelten sich auf dem Kontinent, und zwar in Ägypten und in Westafrika. Andere bedeutende Kulturen gab es in Ost- und Südafrika. Am bekanntesten ist freilich das „Alte Ägypten", dessen Ursprünge bis in die Zeit um 3250 v. Chr. zurückreichen. Die Struktur der ägyptischen Dynastien war in vielen Punkten fortschrittlicher als andere Kulturen jener Zeit. Das betrifft zum Beispiel die Ausübung der Landwirtschaft, die Existenz von Städten als Handelsknoten, die politische Struktur des Landes, die Arbeitsteilung innerhalb der Gesellschaft, die Entwicklung der Schrift, anspruchsvolle künstlerische Tätigkeiten, die Entwicklung der Wissenschaften und der Religion sowie die Pflege eines einheitlichen Kalendersystems. Noch heute bewundern wir die vielen erhaltenen Zeugen der weit entwickelten Baukunst dieser Epoche, etwa die legendären Pyramiden von Gizeh.

✳ ✳ ✳

Politisch gesehen können erhebliche Probleme nicht übersehen werden. Afrika leidet bis heute unter der Kolonialisierung durch europäische Staaten im 19. Jahrhundert. Der Kontinent wurde durch willkürliche Grenzen in Länder aufgegliedert, ohne dass auf die natürliche Bevölkerungsstruktur Rücksicht genommen wurde. In den gebildeten Staaten haben sich nach der Entlassung in die Unabhängigkeit vielfach autoritäre Regime entwickelt, in denen eher Misswirtschaft und Korruption statt Demokratie und Menschenrechte herrschen. Unter diesen Umständen werden wichtige Aufgaben, etwa die Versorgung einer schnell wachsenden Bevölkerung und der Ausbau einer Infrastruktur, sträflich vernachlässigt. Die traurige Bilanz dieser Zustände ist, dass die meisten Länder Afrikas zur „Dritten Welt" zählen, viele auf Entwicklungshilfe angewiesen sind, wiederholt Hungerkatastrophen auftreten und auch Krankheiten wie AIDS vielfach ein eskalierendes Problem darstellen.

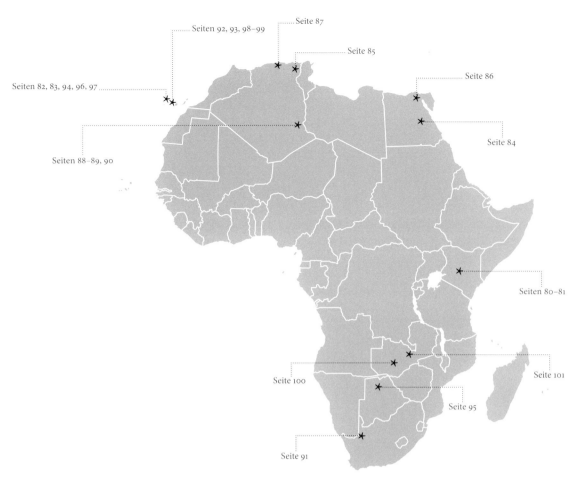

DIE EINWOHNERDICHTE in manchen Teilen Afrikas ist sehr gering. Zudem bringen es die wirtschaftlichen Verhältnisse und Lebenssituation weiter Bevölkerungsteile mit sich, dass elektrischer Strom nicht zur Verfügung steht, um bei Nacht Gebäude und Straßen zu beleuchten. Betrachtet man Afrika bei Nacht, so sind nur wenige Bereiche durch künstliches Licht erhellt. Die Bezeichnung „Schwarzer Kontinent" für Afrika gewinnt unter diesem Aspekt eine neue, zweite Bedeutung.

OHNE DIE ANNEHMLICHKEITEN unserer Zivilisation gering schätzen zu wollen, und ohne den niedrigen Lebensstandard mancher Bevölkerungsteile Afrikas in irgendeiner Weise zu schönen, bieten sich für die Einwohner und Besucher des afrikanischen Kontinents viele Orte, an denen sie einen grandiosen Sternenhimmel beobachten können. Nennenswerte Lichtemissionen fallen nur in wenigen Gebieten auf, zum Beispiel entlang der gesamten nördlichen, an das Mittelmeer grenzenden Küste, von Marokko bis nach Kairo und auch entlang des Nils. Ein weiteres Zentrum der Lichtverschmutzung ist Südafrika mit Johannesburg als Schwerpunkt. Ansonsten sind es einzelne Städte, vorwiegend an den Küsten, die als Lichtpünktchen aus dem All zu erkennen sind.

* * *

Weite Teile Afrikas liegen in der Nacht also im Dunkeln, manche Regionen davon bieten auch regelmäßig viele klare Nächte im Jahr. Betrachtet man diese Standorte genauer, fällt eine weitere Untermenge davon für die Astronomie positiv auf, weil die Luft einer nur geringen Szintillation unterliegt. Der Fachbegriff dafür heißt „Seeing", das auch der flüchtige Betrachter daran erkennt, dass die Sterne bei unruhiger Luft „flackern". Gutes Seeing, abhängig von den Strömungsverhältnissen der Luft, der Topografie und kleinklimatischen Faktoren, ist also eine weitere Voraussetzung, um eine Sternwarte zu betreiben. Als bestens geeignet erschien in den 1960er-Jahren der 2347 Meter hohe Gamsberg in Namibia, um dort die erste „Europäische Südsternwarte" zu errichten. Nur politische Gründe ließen die Entscheidung seinerzeit zugunsten Chiles ausfallen.

MITTLERWEILE VERFÜGT der Kontinent aber doch über einige Sternwarten mit großen Teleskopen. Das „Southern African Large Telescope" (SALT) steht in der Karoo-Ebene Südafrikas auf 1760 Meter Meereshöhe und besteht seit 2005 aus einem Spiegelteleskop mit elf Meter Durchmesser. Allerdings ist der Spiegel aus vielen Segmenten zusammengesetzt, so dass das Lichtsammelvermögen einem klassischen Teleskop mit neun Metern entspricht. Das Teleskop lässt sich nur in der Höhe verstellen und kann nicht auf jeden beliebigen Punkt des Himmels ausgerichtet werden. Vor allem aber auf den Kanarischen Inseln haben sich die Astronomen angesiedelt. Auf Teneriffa betreibt das Astrophysikalische Forschungsinstitut der Kanaren schon seit 1964 ein Observatorium auf dem Berg „Pico del Teide" in 2400 Meter Höhe, hauptsächlich mit mehreren Sonnenteleskopen. Auf der Nachbarinsel La Palma beherbergt das Observatorium auf dem „Roque de los Muchachos" neben kleineren Instrumenten das Teleskop „Gran Telescopio Canarias" (Grantecan) mit 10,4 Meter Spiegeldurchmesser, das seit 2009 in Betrieb ist.

FÜR AMATEURASTRONOMEN ist neben den Kanarischen Inseln auch Namibia ein mehr als lohnenswertes Ziel. Nicht nur wegen der guten Sichtbedingungen, sondern weil das Land auf der Südhalbkugel der Erde liegt, so dass von dort die Attraktionen der südlichen Hemisphäre des Sternenhimmels beobachtet und fotografiert werden können. Zudem bietet es eine für Hobby-Astronomen ausgezeichnete Infrastruktur mit etlichen Gästefarmen, die auf die speziellen Interessen ihrer Besucher bestens vorbereitet sind. Die Zeitverschiebung bei Reisen aus europäischen Ländern ist gering, was die Problematik des „Jetlags" entschärft.

STERNSPUREN AM ÄQUATOR

Am Äquator wird in einer Langzeitbelichtung sichtbar, dass die Sterne sowohl um den Süd- als auch um den Nordpol des Himmels kreisen. *Zentral-Kenia*

MOND UND SONNE * AFRIKA * 83

< SAHARA-SMOG

Sand aus der Sahara verhindert hier auf La Palma, einem der besten Orte für astronomische Beobachtungen, einen ungetrübten Blick ins All.
La Palma, Spanien

STERNSTUNDEN FÜR ASTRONOMEN

So sieht der Himmel über La Palma normalerweise aus: Hinter einer Pinie versinkt unter einem sternenübersäten Himmel malerisch der Mond im Atlantik.
La Palma, Spanien

< DIE MONDSICHEL IM VISIER

Pharao Ramses II. behält die Mondsichel fest im Blick, die in südlichen Breiten häufig liegend erscheint.
Luxor, Ägypten

> RENDEZVOUS VON MOND UND VENUS

Das hellste und zweithellste Gestirn des Nachthimmels, Mond und Venus, geben sich ein abendliches Stelldichein über einer der größten Moscheen Afrikas.
Constantine, Algerien

DER STERN VON GIZEH

Wie der Stern von Bethlehem über dem Stall steht der Komet Hale-Bopp hier über der Chephren-Pyramide von Gizeh. *Gizeh, Ägypten*

> MONDAUFGANG ÜBER ALGIER

Kurz nach dem Aufgang über einem Leuchtturm der Hafenanlagen von Algier erscheint der Vollmond rötlich verfärbt. *Algier, Algerien*

SOMMERSTERNE AM WÜSTENHIMMEL

Sternbilder des Sommers und die Milchstraße schmücken den Himmel über den imposanten Sandsteinformationen der Sahara. *Sahara, Algerien*

STERNE UND STERNBILDER * AFRIKA * 89

90 * AFRIKA * STERNE UND STERNBILDER

EINE NACHT IN DER WÜSTE

Während die Tuareg ihren traditionellen Tee bereiten, bricht die Wüstennacht herein, die diese Nomaden unter den Sternen verbringen. *Sahara, Algerien*

WOLKEN ÜBER SÜDAFRIKA

Die Magellanschen Wolken, zwei kleine Begleitgalaxien der Milchstraße, erscheinen wie Wölkchen am Himmel Südafrikas. Nur von der Südhalbkugel der Erde aus sind sie gut zu beobachten.
Augrabies Falls, Südafrika

Nahezu den Himmel auf Erden hat dieser Beobachter, der unter dem kristallklaren Nachthimmel von Teneriffa in die Sterne schaut. *Teneriffa, Spanien*

Schon eine kurz belichtete Aufnahme zeigt auf 2400 Meter Höhe über dem Gipfel des mächtigen Vulkans „Pico del Teide" zahlreiche Sterne am Himmel. *Teneriffa, Spanien*

DAS BAND DER MILCHSTRASSE * AFRIKA * 95

< STERNE UND STAUB

Als helles, reich strukturiertes Band steht die Milchstraße in den stockdunklen Nächten über dem Berg „Roque de los Muchachos". *La Palma, Spanien*

> DIE MILCHSTRASSE STEHT KOPF

Diese Aufnahme, die die gleiche Region der Milchstraße mit ihrem hellen Zentrum abbildet, entstand auf der Südhalbkugel der Erde. Dies ist an der gedrehten Position der Sternbilder und der Milchstraße zu erkennen. *Maun, Botsuana*

< ÜBER DEN WOLKEN

Auf 2400 Meter Höhe hat das Observatorium auf dem „Roque de los Muchachos" freie Sicht auf die herbstliche Milchstraße mit den beiden Sternhaufen h und χ im Perseus. *La Palma, Spanien*

EINE NACHT IM ZEITRAFFER

Diese Einzelaufnahme einer Zeitraffer-Videosequenz zeigt die Milchstraße über den Wolken, die vom Licht darunterliegender Ortschaften beleuchtet werden. *La Palma, Spanien*

GEGENDÄMMERUNGSSTRAHLEN

Bei einem sehr tiefen Sonnenstand können in der Dämmerung Schattenstrahlen sichtbar werden, die scheinbar am Sonnengegenpunkt zusammenlaufen, also der Sonne genau gegenüber. *Teneriffa, Spanien*

SONNENFINSTERNISJÄGER

Kaum ein zweites Himmelsereignis hinterlässt einen so tiefen Eindruck wie die Beobachtung einer totalen Sonnenfinsternis. *Kafue, Sambia*

SONNENFINSTERNIS ÜBER SAMBIA

Diese Reihenaufnahme zeigt den gesamten Verlauf einer Sonnenfinsternis, die während der totalen Verfinsterung den Tag für wenige Minuten zur gespenstischen Nacht werden lässt. *Chisamba, Sambia*

ZAUBER DER STERNE ✶ NORDAMERIKA

NORDAMERIKA

Der Kontinent Nordamerika kann als nördlicher Teil eines Doppelkontinents aufgefasst werden, wird aber in aller Regel als eigener Kontinent gewertet. Durch eine Landbrücke ist Nord- mit Südamerika verbunden, die selbst zu Nordamerika zählt. Nach Asien und Afrika ist Nordamerika der drittgrößte Erdteil, in dem mehr als eine halbe Milliarde Menschen leben. Die Besiedlungsdichte ist geringer als die in Asien, Europa und Afrika, aber höher als diejenige Australiens. Die vertikale Ausdehnung Nordamerikas ist enorm: Die zu Kanada gehörende Insel Ellesmere Island erreicht den 83. nördlichen Breitengrad, die Nordküste Grönlands sogar mehr als 83,5 Grad. Nach Süden begrenzt Panama den Kontinent auf etwa 7,2 Grad nördlicher Breite. Der Kontinent liegt also komplett auf der Nordhalbkugel der Erde.

DURCH DIE GEWALTIGEN Abmessungen Nordamerikas in Nordsüdrichtung kommen alle Klimazonen vor: Der äußerste Norden liegt im Polargebiet, in dem allenfalls noch eine Tundra-Vegetation gedeihen kann. Regionen, deren Durchschnittstemperatur auch im Hochsommer die Zehn-Grad-Marke nicht überschreiten, zählen zur arktischen Zone. Jenseits des nördlichen Polarkreises auf dem 66,5. Breitengrad gibt es Tage, an denen die Sonne nie untergeht (Mitternachtssonne) und Polarnächte, in denen sie niemals aufgeht. Polarlichterscheinungen sind keine Seltenheit. Nach Süden schließt sich die subpolare Zone an, dann ein Bereich mit kaltgemäßigtem Klima, der weite Teile Kanadas abdeckt. Noch weiter südlich liegt ein breiter Gürtel der warmgemäßigten Zone, dem der überwiegende Teil der Vereinigten Staaten von Amerika angehört. Subtropisches Klima weisen einige südliche Bundesstaaten der USA auf sowie das nördliche Mexiko, während im südlichen Teil des Landes sowie den Staaten von Zentralamerika bereits tropisches Klima herrscht. Im Gegensatz zum Norden sind jahreszeitliche Schwankungen hier nicht so ausgeprägt, die Nähe zum Äquator beschert das ganze Jahr über fast gleichlange Tage mit hohem Sonnenstand zur Mittagszeit.

IM WESTLICHEN TEIL des Kontinents erstreckt sich in Nordsüdrichtung das ausgedehnte Faltengebirge der Rocky Mountains, dessen höchste Erhebung der 6194 Meter hohe Mount McKinley in Alaska ist. Vom hohen Norden reicht der Gebirgszug mit vereinzelten Vulkanen bis ins südliche Mexiko. Einige bedeutende Nationalparks liegen im Gebiet der Rocky Mountains, beispielsweise der berühmte Yellowstone-Nationalpark. Dort ist die Erdkruste ziemlich dünn und vulkanogene Erscheinungen wie Geysire und heiße Quellen kommen in großer Zahl vor. Das Gebirgsmassiv der „Rockies" soll aber auch, zusammen mit anderen Faktoren, für das Auftreten von Klimaextremen verantwortlich sein, die vor allem die Vereinigten Staaten und den karibischen Raum immer wieder in Form von Tornados, Hurrikans und Blizzards heimsuchen.

✶ ✶ ✶

Wann genau der nordamerikanische Kontinent durch Menschen besiedelt wurde, ist unklar. Als wahrscheinlich gilt das Einwandern in der letzten Eiszeit vor etwa 12 000 Jahren über eine damals noch existierende Landbrücke zwischen Alaska und Sibirien. Die Ureinwohner, seit der Ankunft von Christoph Columbus im Jahr 1492 Indianer genannt, waren sesshafte Völker, von denen einige Jäger und Sammler waren, andere Ackerbau und Viehzucht betrieben. Den eingeschleppten Krankheiten und der kriegerischen Gewalt der europäischen Einwanderer unterlagen sie. Die Emigranten aus Spanien, England und Frankreich übernahmen die Kontrolle über den Kontinent. Daraus entwickelten sich später die USA und Kanada, die heute zu den wohlhabendsten Staaten der Erde gezählt werden. Es gibt aber auch arme Länder, wie manche in Mittelamerika. Ablesen lässt sich dieser Unterschied sofort, wenn

man die Beeinträchtigung des nächtlichen Himmels durch künstliche Lichtquellen betrachtet. Ähnlich wie in Europa machen die Lichter der Zivilisation in weiten Teilen des Kontinents die Nacht sprichwörtlich zum Tag, wenn man die wohlhabenden Staaten betrachtet. Ausnahmen bilden nur große Gebiete im Norden Kanadas sowie Alaska und Grönland. Doch selbst in den Industrienationen finden sich in den weiten Landstrichen und ausgedehnten Nationalparks zum Glück noch viele „Inseln der Dunkelheit" mit ungestörtem Blick zu den Sternen.

DER BEKANNTESTE STAAT auf dem Kontinent sind die Vereinigten Staaten von Amerika, die in vielerlei Hinsicht voller Gegensätze sind. Auf der einen Seite leben 80 Prozent der Bevölkerung in Städten, zuweilen gigantischen Metropolen. Andererseits bieten, neben riesigen Agrar-Monokulturen, ausgedehnte Naturräume unterschiedlichster Ausprägung Lebensraum für mehr als 17 000 Pflanzen- und über 90 000 Tier- (vor allem Insekten-)arten. Schon relativ früh, nämlich im Jahr 1872, begann das Land mit der Ausweisung von Schutzgebieten. Heute gibt es 58 offizielle Nationalparks und mehrere Hundert weitere Naturschutzgebiete, die das Naturerbe zu bewahren helfen. Viele davon weisen weltweit einzigartige Landschaften auf. Einen nennenswerten Teil davon hat die UNESCO zum Weltnaturerbe erklärt.

✶ ✶ ✶

Betrachtet man die Bereiche Astronomie und Raumfahrt, wird die wichtige Rolle der Vereinigten Staaten schnell deutlich, ohne die historischen Leistungen der Mayas und Azteken auf dem Gebiet der Astronomie schmälern zu wollen. Seit dem 19. Jahrhundert machten die USA durch den Bau immer größerer Teleskope von sich reden. Im Jahr 1897 entstand unweit von Chicago das heute noch größte Linsenteleskop der Welt mit einem Durchmesser von einem Meter. 1917 war die Geburtsstunde des seinerzeit größten Spiegelteleskops mit 2,5 Meter Durchmesser bei Los Angeles auf dem Mount Wilson, gefolgt 1948 vom berühmten Fünf-Meter-Teleskop auf dem Mount Palomar, das 30 Jahre lang das größte Spiegelteleskop der Welt blieb.

AUCH HEUTE SIND die Vereinigten Staaten eine der führenden Nationen in der Teleskoptechnik. Das größte bewegliche Radioteleskop der Erde mit einer 110 mal 100 Meter großen Antenne ist in den USA zu finden, in Green Bank, West Virginia. Optische Teleskope der Superlative stehen zum Beispiel auf dem Mount Graham, Arizona, in Form des „Large Binocular Telescope" mit zwei Spiegeln à 8,4 Meter Durchmesser. Auf dem Gipfel des Vulkans Mauna Kea in Hawaii betreiben die USA zwei Spiegelteleskope mit je zehn Meter Durchmesser, Keck I und II. Zwei andere Riesenteleskope des Landes sind Gemini Nord und Süd, beide mit je 8,1 Meter Durchmesser. Gemini Nord steht ebenfalls auf dem Mauna Kea, Gemini Süd in Chile.

VON UNSCHÄTZBARER BEDEUTUNG sind die Leistungen der Vereinigten Staaten im Bereich der Weltraumfahrt und die daraus gewonnenen Erkenntnisse über das Universum. Als bislang einziger Nation gelang es ihr, Menschen auf den Mond zu befördern. Unzählige unbemannte Missionen zu den Planeten unseres Sonnensystems und anderen Zielen lieferten eine Fülle an Fotos und Daten, die etliche Geheimnisse der Planeten gelüftet haben und bahnbrechende Neuentdeckungen ermöglichten. Und noch immer ist dieser Prozess im Gang, beteiligt sind die USA auch an der Internationalen Raumstation. Zu den bekanntesten Teleskopen der Welt gehört das Hubble-Weltraumteleskop mit „nur" 2,4 Meter Durchmesser, das seit seiner Inbetriebnahme 1990 in einer Höhe von 575 Kilometern über der Erde kreist und jenseits der Erdatmosphäre gestochen scharfe Bilder von kosmischen Objekten liefert.

HIMMELSGRÜN ÜBER INDIANERZELTEN

Ein kräftiges grünes Polarlicht verleiht dieser Sternspuraufnahme über beleuchteten Indianerzelten zusätzliche Farbe. *Northwest Territories, Kanada*

> EINE NACHT IM YOSEMITE-PARK

Am Ende dieser Langzeitbelichtung der Sternbahnen über dem berühmten „Half Dome" taucht die Morgendämmerung den Osthimmel in ein zartes Rot. *Kalifornien, USA*

BRÜCKEN DER NATUR

Die Sandsteinbögen und -brücken im Arches-Nationalpark in Utah bilden natürliche Fenster mit Ausblick zum Himmel. *Utah, USA*

TAGHELLE NACHT

Die Sterne kreisen am Himmel, das Licht des Vollmondes aber lässt die Landschaft in den Rocky Mountains auf dem Foto fast taghell erscheinen. *Alberta, Kanada*

MOND UND STERNE IN LAS VEGAS

Trotz der illuminierten Wassershow in Sternform sind über dem berühmten Luxushotel Bellagio noch der Mond und einige Sterne am Himmel zu erkennen.
Nevada, USA

RIESENMOND ÜBER KAKTEEN

Über dem Kakteenwald des Saguaro-Nationalparks steigt in der Abenddämmerung der riesige Vollmond empor. *Arizona, USA*

NÄCHTLICHES SCHATTENSPIEL

In einer klaren, kalten Winternacht wirft der Mond hinter einem Baum ein schwarzes Schattenmuster in den Schnee. *New England, USA*

WESTERNKULISSE MIT MOND

Die Inszenierung der Natur ist perfekt: Mit dieser Beleuchtung würde ein idealer Western-Drehtag im Monument Valley enden. *Utah/Arizona, USA*

116 * NORDAMERIKA * STERNE UND STERNBILDER

STERNENNACHT IM WILDEN WESTEN

Auch in einer sternenübersäten Winternacht mit dem markanten Sternbild Orion und dem rötlichen Mars am Himmel verfehlt das Monument Valley seine Wirkung nicht. *Utah/Arizona, USA*

NACHTS IM GRAND CANYON

Einen fantastischen Anblick bietet der Grand Canyon nicht nur bei Sonnenaufgang. In der Nacht funkeln über ihm Sterne und Milchstraße, während hier der Mond die Szenerie beleuchtet. *Arizona, USA*

DER PRÄSIDENTENWAGEN

Über den steinernen Köpfen von vier Präsidenten der Vereinigten Staaten leuchtet die allseits bekannte Sternanordnung des Großen Wagens. *South Dakota, USA*

Am Himmel über Hawaii zeigt sich über der typischen Vulkanlandschaft schon das Kreuz des Südens.
Hawaii, USA

STERNE ZUM GREIFEN NAH

Vom Gipfel des 4200 Meter hohen Mauna Kea auf Hawaii bietet sich ein traumhafter Panoramablick auf den Sternenhimmel und das helle Zentrum unserer Milchstraße. *Hawaii, USA*

GIGANT MIT HIMMELSBLICK

Das Licht des rötlichen „Nordamerikanebels" am Himmel im Sternbild Schwan begann seine Reise zur Erde, als einer der größten Bäume der Welt noch ein winziges Pflänzchen war. *Kalifornien, USA*

MILCHSTRASSE ÜBER DEM TEUFELSTURM

Der „Devils Tower", bekannt aus dem Film „Unheimliche Begegnung der dritten Art", bietet hier die imposante Kulisse für den Auftritt unserer Heimatgalaxie, der Milchstraße. *Wyoming, USA*

WASSERFONTÄNE FÜR JUPITER

Oberhalb der heißen Wasserfontäne eines Geysirs im Yellowstone-Nationalpark leuchtet unbeeindruckt der helle Planet Jupiter neben dem Band der Milchstraße.
Wyoming, USA

SOMMERHIMMEL IM WINTERPARADIES

Der strahlende Planet Jupiter dominiert auch den Sommerhimmel über dem bekanntesten Skigebiet Kaliforniens, den „Mammoth Lakes". *Kalifornien, USA*

Rote und grüne Nordlichter tanzen um den Mond und den hellen Planeten Jupiter über dem Denali-Nationalpark im Herzen Alaskas. *Alaska, USA*

GRÜNE HIMMELSSPIRALE

Glück oder Geduld – besser noch beides – sind erforderlich, um ein solch schönes, spiralförmiges Polarlicht am Himmel zu erwischen. *Northwest Territories, Kanada*

ROTER MOND UNTER PALMEN

Es gibt wohl kaum einen schöneren Ort für die Beobachtung und Aufzeichnung einer totalen Mondfinsternis als einen Palmenstrand auf Hawaii. *Hawaii, USA*

WANDERWEG MIT BELEUCHTUNG

Ein malerisches Polarlicht spiegelt sich in einem See am „Ingraham Trail", einer Wanderroute durch den Norden Kanadas. *Northwest Territories, Kanada*

NACHTHIMMEL MIT STARBESETZUNG

Das Glück war dem Fotografen bei dieser Aufnahme hold: Außer dem Kometen Hale-Bopp bot der Himmel als Zugabe ein Polarlicht. *Northwest Territories, Kanada*

KOMET IM SCHLÜSSELLOCH

Ein Blick durch den Schlüssellochbogen in den Monument Rocks in Kansas zeigt ebenfalls den großen Kometen Hale-Bopp aus dem Jahr 1997 am westlichen Abendhimmel. *Kansas, USA*

RADIOBLICK ZUM HIMMEL

Auf dem Mount Graham in Arizona richtet ein Radioteleskop seinen Blick zum Himmel. Darüber leuchten die Sterne des Großen Wagens, der im Frühjahr abends auf dem Kopf steht. *Arizona, USA*

SCHLAFENDES SONNENTELESKOP

Dieses Bauwerk stellt ein Teleskop des Kitt-Peak-Observatoriums in Arizona zur Beobachtung der Sonne dar. Nachts, wenn die Sterne ihre Bahnen ziehen, hat es Pause. *Arizona, USA*

EIN FELD VOLLER RADIOTELESKOPE

Malerisch lässt der Abendhimmel die dunklen Silhouetten einiger der 27 Radioteleskope des „Very Large Array" hervortreten, mit denen von New Mexico aus ins Weltall gespäht wird. *New Mexico, USA*

ZAUBER DER STERNE ✶ SÜDAMERIKA

SÜDAMERIKA

Südamerika wird normalerweise als eigener Kontinent betrachtet, auch wenn es durch eine Landbrücke mit Nordamerika verbunden ist. Flächenmäßig ist Südamerika deutlich kleiner als Nordamerika, aber immer noch bedeutend größer als Europa. Etwa 380 Millionen Menschen leben auf diesem Kontinent, das ergibt eine Besiedlungsdichte auf dem gleichen, vergleichsweise niedrigen Niveau Nordamerikas. Die nördlichsten Teile des südamerikanischen Festlandes, die Küsten Kolumbiens zum Karibischen Meer, liegen noch auf der Nordhalbkugel der Erde, nämlich auf dem Breitengrad 12,5 Grad Nord. Langgestreckt in Nordsüdrichtung erreicht der Kontinent in der Nähe von Kap Hoorn, das zu Chile zählt, den 55. südlichen Breitengrad. Moskau und Kopenhagen auf der Nordhalbkugel haben eine ähnliche geografische Breite mit umgekehrtem Vorzeichen.

WEITE TEILE des Kontinents weisen durch ihre äquatornahe Lage ein Tropenklima auf. Südlich davon schließt sich ein Gürtel mit subtropischen Verhältnissen an, dann ein ausgedehntes Areal mit warmgemäßigtem Klima. Gegenden mit kaltgemäßigten und subpolaren Verhältnissen findet man nur im äußersten Süden und in flächenmäßig begrenzten Gebieten. Ein prägender Faktor für das Klima Südamerikas ist ein Strom mit kaltem Meerwasser, der Humboldtstrom, der von der Antarktis an der Westküste parallel zu den Anden nach Norden zieht. Entlang der chilenischen und peruanischen Küste führt die niedrige Wassertemperatur zur Ausbildung einer stabilen Inversionswetterlage, die letztlich Niederschläge vereitelt und für die Entstehung ausgedehnter Wüstenregionen verantwortlich ist. Das Wetterphänomen El Niño wirkt diesem Mechanismus zeitweise entgegen.

DIE BEWOHNER der Äquatorregion sind es, die über das Jahr gesehen alle Sternbilder der nördlichen und südlichen Hemisphäre zu Gesicht bekommen. Weiter im Süden nähern sich die Verhältnisse der Himmelsmechanik denen in den deutschsprachigen Regionen Europas an, mit dem Unterschied, dass im Wesentlichen der südliche Sternenhimmel beobachtet werden kann, während nur einige Sternbilder des Nordhimmels zu sehen sind. An der Südspitze des Kontinents nimmt die Wahrscheinlichkeit zu, ein Polarlicht zu erleben. Allerdings heißt es dort nicht „Nordlicht", sondern „Südlicht", so wie die Begriffe „Aurora borealis" und „Aurora australis" für das Nord- und Südlicht eine Differenzierung vornehmen.

ENTLANG DER WESTKÜSTE erstreckt sich die längste Gebirgskette der Erde, die Anden. Sie reichen von Venezuela im Norden 7500 Kilometer weit bis ins südliche Patagonien. Ihr höchster Gipfel ist gleichzeitig auch der höchste Berg Südamerikas, es ist der 6962 Meter hohe Aconcagua an der Grenze Argentiniens zu Chile. Diese Höhe bezieht sich, wie üblich, auf das Meeresniveau. Würde man die Entfernung des Gipfels vom Erdmittelpunkt bestimmen, wäre der Aconcagua sogar höher als der Mount Everest im Himalaja, weil die Erde keine exakte Kugel ist und der Aconcagua von seiner äquatornahen Lage profitiert. Eine bedeutende geografische Rolle kommt auch dem Amazonasbecken zu. Hauptstrom ist der 6448 Kilometer lange Amazonas, der mehr Wasser führt als jeder andere Fluss auf der Erde. Hier findet sich auch die weltweit größte zusammenhängende Fläche eines tropischen Regenwaldes.

✶ ✶ ✶

Die ersten Zeichen menschlicher Besiedlung auf dem Kontinent sind 10 000 bis 20 000 Jahre alt. Etwa zwischen 1200 bis 1532 entwickelten die Inkas eine bemerkenswerte Hochkultur, in der auch die Astronomie eine Rolle spielte. Spezielle Bauten dienten ihnen zur Himmelsbeobachtung, Zeitbestimmung und dem Verfolgen des Sonnenstandes im Jahreslauf. Eine noch größere Leistung war es, bestimmte Planetenkonstellationen vorherzusagen. Doch die europäischen Eroberer

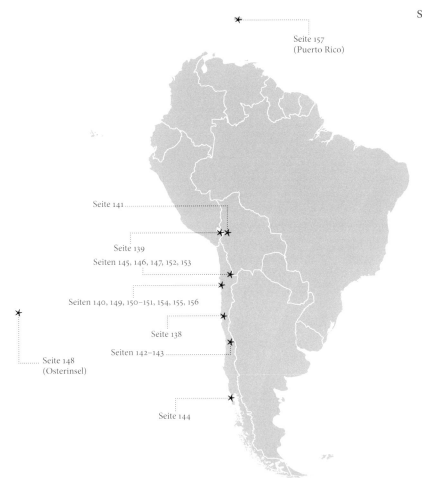

Seite 157 (Puerto Rico)
Seite 141
Seite 139
Seiten 145, 146, 147, 152, 153
Seiten 140, 149, 150–151, 154, 155, 156
Seite 138
Seiten 142–143
Seite 148 (Osterinsel)
Seite 144

bedeuteten das Ende nicht nur der Inka-Kultur, sondern ganzer einheimischer Indiovölker. Spanien und Portugal waren fortan die neuen Herren von Südamerika. Nach der Kolonialzeit und der Entkolonialisierung entstanden die heutigen Nationalstaaten, die noch in der zweiten Hälfte des letzten Jahrhunderts oft von Militärdiktaturen regiert wurden, heute aber demokratische Regierungen besitzen.

DIE WIRTSCHAFTLICHE SITUATION der Staaten Südamerikas ist aufgrund reicher Bodenschätze nicht schlecht. Allerdings ist das Gefälle zwischen Arm und Reich in der Bevölkerung groß. Besonders gut gestellt ist der Staat Französisch-Guayana, der auch heute noch zu Frankreich gehört und somit ein Teil der Europäischen Union ist. Die Äquatornähe des Landes ist ideal, um mit relativ wenig Energieaufwand Raketen ins All zu schießen. Daher betreibt die Europäische Weltraumorganisation ESA in Kourou einen Weltraumbahnhof, von dem aus Ariane-Trägerraketen starten.

* * *

Nachts ist Südamerika ein ziemlich dunkler Kontinent, das bedeutet, dass weite Teile nicht durch künstliches Licht von Städten aufgehellt werden, so dass ein Blick zum Sternenhimmel ungetrübt möglich ist. Unrühmliche Ausnahmen bilden die Staaten Brasilien und Argentinien an der Ostküste sowie der Norden mit Kolumbien und Venezuela. Das astronomische Herz Südamerikas schlägt jedoch zweifellos in Chile. Im Regenschatten der chilenischen Anden liegt die Atacama-Wüste, die als trockenste Wüste der Erde gilt: An manchen Stellen wurde noch nie ein Tropfen Niederschlag festgestellt. Die Bergregionen der Atacama zeichnen sich neben ihrer Trockenheit auch durch besonders viele klare Nächte im Jahr und eine Luftströmung ohne große Turbulenzen aus. Hinzu kommt, dass diese Wüstenregionen relativ gut erschlossen und zugänglich sind. Für Sternwarten sind diese Bedingungen wie geschaffen, so dass mehrere Nationen an verschiedenen Stellen Teleskope installiert haben.

ALLEN VORAN verfolgt die „Europäische Südsternwarte" (ESO) gleich vier Projekte in Chile: Schon etwas in die Jahre gekommen ist das 1969 in Betrieb genommene La-Silla-Observatorium. Moderner und leistungsfähiger ist die Anlage auf dem Cerro Paranal, das „Very Large Telescope" (VLT). Vier einzelne Teleskope mit je 8,2 Meter Spiegeldurchmesser liefern dort seit 1999 wissenschaftliche Ergebnisse, können einzeln oder auch zusammengeschaltet arbeiten. Das VLT ist ohne Zweifel eine der momentan leistungsfähigsten optischen Sternwarten der Welt. Das dritte Projekt beinhaltet die Installation von 50 verschiebbaren Radioantennen auf dem Chajnantor-Plateau in 5000 Meter Meereshöhe. Aufgrund der extrem niedrigen Luftfeuchte können die Antennen in einem Wellenlängenbereich arbeiten, der normalerweise vom Wasserdampf in der Atmosphäre gefiltert wird. Mit der Inbetriebnahme dieses „Atacama Large Millimeter Array" (ALMA) ist in naher Zukunft zu rechnen. Beim vierten Projekt schließlich handelt es sich wieder um ein optisches Teleskop, das „European Extremely Large Telescope" (E-ELT). Es soll einen Hauptspiegel mit 42 Meter Durchmesser erhalten, der aus knapp 1000 Segmenten zusammengesetzt wird. Geplant ist, das E-ELT bis 2018 auf dem gut 3000 Meter hohen Cerro Armazones zu errichten, nur 20 Kilometer vom Cerro Paranal entfernt.

UND WAS den Profi-Astronomen recht ist, kann den Hobby-Astronomen nur billig sein. Chile ist als Reiseziel für Astrotouristen ähnlich attraktiv wie das afrikanische Namibia. Nicht nur wegen der guten Wetterprognosen und der Sichtbarkeit des Südsternhimmels, sondern auch aufgrund einer ausgezeichneten Infrastruktur.

ZWILLINGSSTERNWARTE

Die Sterne des südlichen Himmels ziehen in Scharen ihre Bahnen über Gemini Süd, das wie sein hawaiianischer Zwilling Gemini Nord eines der weltweit größten Teleskope ist. *Cerro Pachón, Chile*

STERNKREISEL ÜBER TITICACA

Innerhalb von zwei Stunden zeichnen die Sterne Kreisbögen über Südamerikas größtem See. Einen hellen Stern in der Nähe des Himmelssüdpols gibt es nicht. *Titicaca-See, Bolivien*

DER GRÜNE BLITZ

Fast jeder Sonnenuntergang über der Europäischen Südsternwarte in Chile findet bei klarem Himmel statt. Doch den „Grünen Blitz" am oberen Sonnenrand gibt es nur gelegentlich. *Cerro Paranal, Chile*

VOLLMOND ÜBER LA PAZ

Der Vollmond bescheint die schneebedeckten Gipfel, die mehr als 6000 Meter hoch über der erleuchteten Stadt La Paz emporragen. *La Paz, Bolivien*

DREIERTREFFEN AM ABENDHIMMEL

Die Planeten Venus (links) und Jupiter (rechts) leisten dem zunehmenden Mond am Abendhimmel über Santiago de Chile Gesellschaft. *Santiago, Chile*

MOND UND SONNE * SÜDAMERIKA * 143

STERNE UND STERNBILDER * SÜDAMERIKA * 145

< ORION STEHT KOPF

Aus Holz gebaute Kirchen sind die Attraktion der chilenischen Insel Chiloé. Über dem Kirchendach leuchtet kopfüber das Sternbild Orion. *Chiloé, Chile*

SIEBENGESTIRN ÜBER VULKANSCHLOT

Knapp 6000 Meter hoch ist der Gipfel des erloschenen Vulkans Licancabur. Fast genau über ihm funkelt das Siebengestirn, der Sternhaufen der Plejaden. *Atacama-Wüste, Chile*

DAS TAL DES MONDES

Über einer chilenischen Landschaft, die an die Mondoberfläche erinnert, hängt der bekannte Große Wagen nahe dem Horizont in ungewohnter Stellung, nämlich auf dem Kopf. *Atacama-Wüste, Chile*

> DAS KREUZ DES SÜDENS

Bäume und Wolken sind in der Atacama-Wüste eine große Seltenheit, sternklare Nächte mit dem Kreuz des Südens am Himmel eher die Regel. *Atacama-Wüste, Chile*

STERNENNACHT ÜBER DER OSTERINSEL

Über den steinernen Köpfen („Moais") der Osterinsel entfaltet der südliche Sternenhimmel seine Pracht mit dem hellen Stern Canopus und den beiden Magellanschen Wolken. *Osterinsel, Chile*

MENSCH AUF DEM MARS?

In der chilenischen Atacama-Wüste kann man leicht den Eindruck gewinnen, man würde vom Mars aus in die Sterne schauen. *Atacama-Wüste, Chile*

150 * SÜDAMERIKA * MILCHSTRASSE

HIGHWAY TO HEAVEN

Diese „Straßenkarte" zeigt am Himmel den Verlauf der Milchstraße und darunter die Zufahrtsstraße zu den Riesenteleskopen des „Very Large Telescope" (VLT) der Europäischen Südsternwarte.
Cerro Paranal, Chile

FINGERZEIG ZUR MILCHSTRASSE

Übermannshohe Kakteen erholen sich in einer sternklaren Nacht von der Hitze des Tages, während das helle Zentrum der Milchstraße das Firmament ziert.
Atacama-Wüste, Chile

DAS BAND DER MILCHSTRASSE * SÜDAMERIKA * 153

GALAKTISCHER AUSBLICK

Beim Blick ins Zentrum unserer Milchstraße wird ihr Sternreichtum deutlich. Fast 26 000 Lichtjahre ist die Sonne von der hellen Galaxienmitte entfernt.
Atacama-Wüste, Chile

< KOSMISCHES SCHATTENSPIEL

Über Kuppeln der Europäischen Südsternwarte findet das Schauspiel einer totalen Mondfinsternis statt. Eine Mehrfachbelichtung offenbart den zeitlichen Ablauf. *Cerro Paranal, Chile*

> KÜNSTLICHER STERN AM HIMMEL

Um noch schärfere Aufnahmen des Universums zu gewinnen, erzeugen die Astronomen der Europäischen Südsternwarte am VLT mit einem Laserstrahl einen künstlichen Stern. *Cerro Paranal, Chile*

< VIER MAL ACHT METER

Der Mond blinzelt um die Ecke einer der vier großen Teleskopbauten des VLT, das eine der leistungsfähigsten optischen Sternwarten der Welt ist.
Cerro Paranal, Chile

> DAS GRÖSSTE TELESKOP DER WELT

Die Beobachtungen des weltgrößten Radioteleskops der Welt werden durch den Mond nicht gestört, der hier von einem ringförmigen Halo umgeben ist.
Arecibo, Puerto Rico

ZAUBER DER STERNE ✶ AUSTRALIEN
UND ANTARKTIS

AUSTRALIEN UND ANTARKTIS

Der Kontinent Australien wird auch als Ozeanien bezeichnet, wenn man Neuseeland und andere im Pazifik liegende Inselstaaten einbezieht. Doch selbst nach dieser erweiterten Definition bleibt er der flächenmäßig kleinste aller Kontinente. In Australien leben mit Abstand am wenigsten Menschen pro Flächeneinheit. Die Gesamtbevölkerung von Ozeanien beträgt nur 34 Millionen, das ist gerade einmal ein halbes Prozent der Weltbevölkerung, obwohl die Fläche Australiens nicht wesentlich kleiner ist als die Europas. Im Zuge der Kontinentaldrift spaltete sich Australien vom südlichen Superkontinent Gondwana ab, der wiederum ein Zerfallsprodukt des Urkontinents Pangaea war. Lange Zeit bestand noch eine Verbindung mit den Landmassen der Antarktis, die erst vor etwa 50 Millionen Jahren unterbrochen wurde, als eine bis heute andauernde Bewegung Australiens nach Nordosten einsetzte. Die aktuelle „Geschwindigkeit" dieser Bewegung wurde mit 73 Millimeter pro Jahr gemessen.

DER NAME AUSTRALIEN ist abgeleitet vom lateinischen „Terra australis", was „südliches Land" bedeutet und darauf hindeutet, dass es sich um einen Kontinent der Südhalbkugel handelt. Von Europa aus gesehen liegt er auf der gegenüberliegenden Seite der Erdkugel, was zu seinem Beinamen „Down Under" führte. Während das vorgelagerte Papua-Neuguinea mit seinen zugehörigen Inseln fast bis an den Äquator heranreicht, liegt der nördlichste Punkt des australischen Festlandes auf etwa 10,5 Grad südlicher Breite. Nach Süden hin erstreckt sich das Festland bis zum 39., das Südufer des vorgelagerten Tasmanien bis zum 43. und die Südinsel Neuseelands bis zum 47. südlichen Breitengrad. Die Lage Australiens knapp unterhalb des Äquators bietet die Möglichkeit, im Verlauf eines Jahres alle Sternbilder des südlichen und einen großen Teil der Sternbilder des nördlichen Sternenhimmels zu sehen. Der Wendekreis des Steinbocks bei 23,5 Grad südlicher Breite läuft mitten durch den Kontinent. Nördlich davon steht die Sonne zur Mittagszeit zweimal im Jahr exakt im Zenit, genau auf dem Wendekreis tritt dies einmal im Jahr ein.

* * *

Klimatisch gesehen herrscht in Australien die subtropische Zone vor, nur die nördlichsten Teile liegen im Bereich der Tropen, die südlichsten in der warmgemäßigten Zone. Flächenmäßig überwiegen Wüsten und semiaride Areale, in denen die Verdunstung den Wassereintrag durch Regen meistens übersteigt. 40 Prozent der Fläche sind mit Sanddünen bedeckt, gesäumt von trockenem Grasland. Fruchtbare Böden und moderates Klima finden sich nur im äußersten Südosten und Südwesten, während im Norden sogar tropische Regenwälder gedeihen. Hohe Gebirgszüge gibt es im Osten und weniger ausgeprägt im Westen des Kontinents. Im Osten sind es die Australischen Kordilleren, die auch den höchsten Gipfel des australischen Festlandes stellen, den 2228 Meter hohen Mount Kosciuszko. Vulkanismus gibt es in Australien nicht, weil hier keine Kontinentalplatten aneinandergrenzen.

EIN BESONDERS BEKANNTER Fels in Australien ist der Uluṟu, vielen bekannt als „Ayers Rock". Diese Sandsteinformation ist etwa drei Kilometer lang und zwei Kilometer breit und überragt die umgebende Dünenlandschaft um rund 350 Meter, während der Gipfel eine absolute Höhe von 863 Meter über dem Meeresniveau erreicht. Die rötliche Farbe des mitten in Zentralaustralien gelegenen Berges ist die Folge eines hohen Eisengehalts. Es handelt sich nicht etwa, wie vielfach angenommen, um einen Meteoriten, sondern der Fels ist das Resultat eines geologischen Prozesses.

* * *

Wann die menschliche Besiedlung Australiens begonnen hat, ist nicht genau bekannt, die Angaben schwanken zwischen 30 000 und

60 000 Jahren vor unserer Zeitrechnung. Auf jeden Fall müssen die ersten Siedler mit dem Schiff gekommen sein, denn die Trennung Australiens von anderen Kontinenten war zu dieser Zeit schon seit Jahrmillionen Geschichte. Menschliche Fußabdrücke aus der letzten Eiszeit, rund 20 000 Jahre alt, fand man im versteinerten Lehmboden am Willandra-See im Südosten des Landes. Die Ureinwohner Australiens, die Aborigines, hatten trotz ihrer isolierten Lage immer Kontakt zu anderen Kulturen. Spanische Seefahrer erreichten und betraten den australischen Kontinent schon im 16. und 17. Jahrhundert, doch die Kolonialisierung begann erst 1770, als der Kapitän James Cook die Ostküste ansteuerte und das Land formell zum Besitz der britischen Krone erklärte. Die nachfolgende Siedlungswelle brachte mit den Menschen auch fremde Tiere auf den Kontinent sowie unbekannte Krankheiten, etwa die Pocken. Die in Australien ursprünglich heimischen Menschen, Tiere und Pflanzen waren die Leidtragenden, Konflikte zwischen Aborigines und Siedlern blieben nicht aus. Seit 1901 sind die Kolonien zum „Commonwealth of Australia" vereinigt, das bis 1931 seine völlige Souveränität erlangte.

DIE GERINGE EINWOHNERZAHL Australiens hat einen positiven Effekt auf die Qualität des Nachthimmels: Lediglich die Ballungszentren an den Küsten, vorwiegend im Osten und Südosten, aber auch im Südwesten, erhellen mit ihren Stadtlichtern den Sternenhimmel. Weite Teile des Landes liegen im Dunkeln und bieten optimale Beobachtungsbedingungen für Astronomen und Sternfreunde. Ganz besonders gilt das für die Wüstengebiete im zentralen Australien, die zu den weltweit besten Standorten für Himmelsbeobachtungen gehören.

TROTZDEM SUCHT man Großsternwarten nach modernen Maßstäben in Australien vergeblich. Neben einigen älteren Radioteleskopen ist vor allem das Siding-Spring-Observatorium bekannt, das 1974 um ein großes Instrument mit 3,9 Meter Spiegeldurchmesser erweitert wurde. Dieses Teleskop, „Anglo-Australian Telescope" genannt, ist nicht zuletzt deshalb berühmt geworden, weil es von David Malin, einem TWAN-Mitglied, seinerzeit für die Anfertigung legendärer Himmelsfotografien und damit verbundener Neuentdeckungen genutzt wurde. Die Sternwarte steht im Südosten des Kontinents im Bundesstaat New South Wales, etwa auf dem 31. südlichen Breitengrad in 1140 Metern Meereshöhe.

✳ ✳ ✳

Eine Sonderstellung nimmt der Kontinent Antarktis ein, der den Südpol der Erde bedeckt und sich bis zum südlichen Polarkreis ausdehnt. Die genaue Fläche des Festlandes ist nicht bekannt, weil große Teile unter einer dicken Schicht ewigen Eises verborgen sind. Sicher ist aber, dass die Landfläche größer ist als die von Europa, wobei im Sommer nur etwa 4000, im Winter rund 1000 Menschen den Kontinent besiedeln. Grund sind die lebensfeindlichen Bedingungen, die auf die Lage in der polaren Klimazone zurückzuführen sind. Die Jahrestemperatur beträgt im Durchschnitt −55 Grad Celsius, im Extremfall −89,2 Grad, dem tiefsten jemals auf der Erde gemessenen Wert.

DAS IST KEIN einladender Ort, um Astronomie zu betreiben, zumal in den polnahen Regionen praktisch ein halbes Jahr lang die Sonne nie untergeht, während sie sich in der anderen Jahreshälfte nie blicken lässt. Zudem ist immer nur die südliche Hemisphäre des Himmels sichtbar. Trotzdem ist in der Antarktis ein Radioteleskop („South Pole Telescope") in Betrieb und über den Bau eines sehr großen optischen Teleskops wird nachgedacht, weil die gemessenen Luftturbulenzen auf weltweit niedrigstem Niveau liegen, so dass besonders scharfe Bilder zu erwarten sind.

162 * AUSTRALIEN UND ANTARKTIS * STERNSPUREN

DIE STRASSE NACH SÜDEN

Diese Straße führt direkt in Richtung Süden. Der südliche Himmelspol, den die Sterne umkreisen, ersetzt jedes Navigationssystem. *Western Australia, Australien*

STERNSPUREN * AUSTRALIEN UND ANTARKTIS * 163

METEORBLITZ ÜBER KALKSTEINSÄULEN

Über den in verschiedenen Farben angestrahlten Kalksteingebilden im Nambung-Nationalpark blitzt ein heller Meteor am Himmel auf (links im Bild).
Western Australia, Australien

STERNSPUREN * AUSTRALIEN UND ANTARKTIS * 165

< KREISELNDER RUNDUMBLICK

Ein Fischaugen-Objektiv erfasste in einer Langzeitbelichtung den gesamten Himmel über dem australischen Warrumbungle-Nationalpark. Die „Rauchfahne" ist das Band der Milchstraße. *New South Wales, Australien*

STERNENKARUSSELL „DOWN UNDER"

Halls Creek im Westen Australiens liegt etwa auf dem 18. südlichen Breitengrad. Wegen der Nähe zum Äquator steht dort der Himmelssüdpol recht tief über dem Horizont. *Western Australia, Australien*

DUETT VON MOND UND VENUS

Die schmale Sichel des Mondes versinkt gemeinsam mit dem hellen Planeten Venus unter dem Horizont. Das Geschehen spiegelt sich auf der Wasseroberfläche eines ruhigen Sees. *Western Australia, Australien*

MOND UND SONNE * AUSTRALIEN UND ANTARKTIS * 167

DOPPELTE SONNE

Diese Doppelbelichtung der aufgehenden Sonne zeigt gleich zwei seltene Phänomene: den Roten Blitz am unteren und den Grünen Blitz am oberen Sonnenrand.
Western Australia, Australien

MITTERNACHTSSONNE ÜBER DER ANTARKTIS

Obwohl die Sonne nahe dem Südpol an vielen Tagen im Jahr gar nicht untergeht, schmilzt das „ewige Eis" trotzdem nicht. *Antarktis*

ORION IM STURZFLUG

In der kindlichen Vorstellung stehen die Menschen auf der anderen Seite der Erde auf dem Kopf. Das trifft jedoch nur auf die Sternbilder zu, wie hier beim Orion.
Tasmanien, Australien

DAS KREUZ DES SÜDENS IM BLICK

Das Blätterdach der Wälder im Murramarang-Nationalpark südwestlich von Sydney gibt nur einen Blick zum Himmel frei: den auf das berühmte Kreuz des Südens.
New South Wales, Australien

FÜNF PLANETEN AUF EINEN STREICH

Über dem Wolfe-Creek-Meteoritenkrater leuchtet die helle Venus in der Bildmitte, darüber Jupiter und darunter Merkur und Saturn. Zählt man die Erde mit, ist eine Handvoll Planeten zu sehen. *Western Australia, Australien*

DAS BAND DER MILCHSTRASSE * AUSTRALIEN UND ANTARKTIS * 173

DUNKEL HEISST NICHT SCHWARZ

Sterne und Milchstraße sind die hellsten Lichtquellen an diesem dunklen Ort, Vordergrundobjekte zeichnen sich nur als Silhouette ab. *Western Australia, Australien*

BLITZ UND DONNER

Bei Nacht ist ein Gewitter am eindrucksvollsten. In sicherer Entfernung öffnet man den Verschluss der Kamera und wartet, bis der nächste Blitz durch das Bildfeld zischt. *Western Australia, Australien*

WENN ES STERNSCHNUPPEN REGNET

Nur selten ist ein Sternschnuppenstrom so ergiebig, wie es die Leoniden im Jahr 2001 waren. Das Foto entstand im Outback der zentralaustralischen Wüste. *Northern Territory, Australien*

HIMMELSSCHAUSPIELE * AUSTRALIEN UND ANTARKTIS * 175

SCHWEIFSTERN ÜBER PERTH

Der Komet McNaught Anfang 2007 über der australischen Stadt Perth. Er war der hellste Komet seit dem Jahr 1965. *Western Australia, Australien*

DER KOMET DES SÜDENS

Vor allem auf der Südhalbkugel der Erde bot der Komet McNaught ein beeindruckendes Schauspiel. Sein imposanter Schweif erstreckte sich im Januar 2007 über einen Großteil des Himmels.
Western Australia, Australien

DIE KUNST, DEN NACHTHIMMEL ZU FOTOGRAFIEREN

Wie macht man eigentlich solche Fotos? Diese Frage stellt sich dem Betrachter eines TWAN-Bildes schnell. Die positive Antwort lautet: Eine kostspielige Spezialausrüstung ist nicht notwendig, viele Menschen besitzen die notwendigen Utensilien bereits. Essentiell ist jedoch eine sorgfältige Planung, um zur richtigen Zeit am richtigen Ort zu sein, ein gutes Auge und dazu noch ein Quäntchen Glück.

DIE AUSRÜSTUNG

Am besten gerüstet für Fotos im TWAN-Stil ist man mit einer digitalen Spiegelreflexkamera (DSLR für „Digital Single Lens Reflex"). Aktuelle Modelle liefern auch bei wenig Licht und längeren Belichtungszeiten sehr ansprechende Ergebnisse. Im Wesentlichen sprechen die folgenden Eigenschaften für eine DSLR:
Durch einen Objektivwechsel können verschiedene Bildwinkel und – was noch wichtiger ist – lichtstarke Optiken zum Einsatz kommen. Im Vergleich zur überwiegenden Zahl der Kompakt- und Bridge-Kameras verfügen Spiegelreflexkameras über flächenmäßig sehr große Aufnahmesensoren. Dadurch bleibt das elektronische Bildrauschen – erkennbar an grieseligen oder pixeligen Strukturen im Bild – auf geringem Niveau, auch bei Aufnahmen in der Dämmerung. Durch den optischen Sucher einer DSLR sind auch lichtschwache Motive und kleine Objekte am Himmel noch gut sichtbar, wenn die LCD-Displays von Kompaktkameras bereits ihren Dienst quittieren. Wichtig bei der TWAN-Fotografie ist die Möglichkeit, bei Bedarf Blende, Belichtungszeit und ISO-Wert manuell einzustellen. Und eine DSLR bietet die Option, die Fotos in einem verlustfreien Bildformat („RAW") zu speichern. Gegenüber dem JPG-Format hat das erhebliche Vorteile, die sich spätestens bei der Bildverarbeitung bemerkbar machen. Auch der bei Dunkelheit kritische Fokus ist mit einer DSLR am besten zu erreichen. Zuweilen funktioniert sogar der Autofokus. Falls nicht, kann manuell scharf gestellt und das Ergebnis zeitnah kontrolliert werden. Als weiteres Zubehör ist für eine TWAN-Ausrüstung sinnvoll:

* LICHTSTARKES OBJEKTIV MIT FESTER BRENNWEITE Als Lichtstärke wird die größte einstellbare Blendenöffnung bezeichnet. Je kleiner die Blendenzahl, desto größer die Blendenöffnung! Objektive mit fester Brennweite verfügen über höhere Lichtstärken als Zoom-Objektive, mitunter bis 1:1,8 oder im Extremfall gar 1:1,2. Eine hohe Lichtstärke ermöglicht relativ kurze Belichtungszeiten. Das ist von Vorteil, denn bei langen Belichtungen macht sich die Rotation der Erde bemerkbar und die Himmelskörper werden nicht mehr scharf, sondern strichförmig abgebildet. Auch die Abbildungsqualität von Objektiven mit fester Brennweite ist derjenigen vieler Zooms überlegen.

* STABILES STATIV Verwacklungen bei langen Belichtungszeiten sind nur durch den Einsatz eines Stativs zu vermeiden. Es sollte so stabil sein, dass die Kamera auch mit einem schweren Objektiv sicher getragen wird und einem Windstoß trotzt. Es darf aber auch nicht zu schwer sein, sonst bereitet der Transport zu viel Mühe. Achten sollte man bei der Wahl auch darauf, dass die Umstellung von Quer- auf Hochformat bequem und schnell vonstatten geht.

* KABELAUSLÖSER Um die Kamera auszulösen, ohne sie zu berühren, ist ein Kabelauslöser nötig, auch bei Verwendung eines Stativs. Manche Modelle sind mit weiteren Steuerungsfunktionen ausgestattet, etwa einem programmierbaren Intervall für Serienaufnahmen. Zeitrafferaufnahmen, die später als Film ablaufen, können damit auf einfache Weise erstellt werden.

Mit einer digitalen Spiegelreflexkamera, einem lichtstarken Objektiv, einem Kabelauslöser und einem stabilen Stativ ist man für TWAN-Fotografien bereits gut ausgestattet.

Über diese „Standardausstattung" hinaus ist folgendes Zubehör hilfreich:

* STÖRLICHTBLENDE Sonnen-, Streulicht- oder Gegenlichtblende sind andere Namen dafür. Eine Störlichtblende sollte immer und grundsätzlich verwendet werden, denn sie hält seitlichen Lichteinfall fern, verhindert Reflexe und schützt vor mechanischer Beschädigung sowie Taubeschlag der Frontlinse.

* WEICHZEICHNERFILTER Eine Digitalkamera mit einem scharf abbildenden Objektiv stellt Ster-

ne und Planeten als winzige Punkte dar, die auf dem Foto kaum zu sehen sind. Ein Weichzeichnerfilter, wie er normalerweise in der Porträtfotografie Anwendung findet, führt nicht nur zu einer größeren Abbildung der hellen Sterne und Planeten, sondern bringt auch deren Eigenfarbe besser zur Geltung.

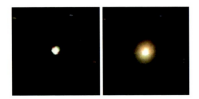

< Ein Weichzeichnerfilter vergrößert die Abbildung von Sternen und Planeten und bringt außerdem ihre Eigenfarbe zur Geltung. Dies kommt dem visuellen Eindruck näher.

* BLITZGERÄT Damit können im Einzelfall Vordergrundobjekte aufgehellt werden. Die Leistung des Blitzes ist so zu drosseln, dass der Dämmerungs- oder Nachtcharakter einer Aufnahme erhalten bleibt.

* TASCHENLAMPE Sie sollte bei keinem Einsatz fehlen. Das Einstellen von Kamerafunktionen oder das Auffinden eines Objektivdeckels im Dunkeln fällt damit leichter. Während einer Langzeitbelichtung kann mit der Taschenlampe auch der Vordergrund – Bäume oder Gebäude – angestrahlt werden.

Vordergrundmotive wirken häufig besonders eindrucksvoll, wenn sie mit einem Blitzgerät oder einer Taschenlampe angeleuchtet werden.

> Im linken Bild ist der visuelle Eindruck bei fortschreitender Dämmerung simuliert. Im Gegensatz dazu nimmt die Kamera wie im rechten Bild Farben wahr und lässt ein Motiv bei entsprechender Belichtung heller erscheinen.

* ASTRONOMISCHES JAHRBUCH/PLANETARIUMSSOFTWARE Der Anblick des Himmels ändert sich von Stunde zu Stunde, von Tag zu Tag und im Laufe eines Jahres kontinuierlich. Die Auf- und Untergangszeiten von Sonne und Mond, die Sichtbarkeit der Sternbilder und Planeten und viele andere, wichtige Informationen zur Vorbereitung können einem astronomischen Jahrbuch entnommen werden. Einsetzbar sind auch ein Laptop mit installierter Planetariumssoftware oder eine entsprechende Applikation für das Mobiltelefon.

STIMMUNGSAUFNAHMEN IN DER DÄMMERUNG

Fotografieren im TWAN-Stil heißt, bei fortgeschrittener Dämmerung oder Dunkelheit Aufnahmen machen, auch wenn man selbst nicht mehr viel sehen kann. Eine Kamera kann, im Gegensatz zum Auge, durch eine lange Belichtungszeit das Licht so lange wie nötig aufsummieren und so ein korrekt belichtetes Foto entstehen lassen. Während das Auge bei geringer Helligkeit nur noch Grautöne sehen kann und die Sehschärfe verloren geht, ist eine Kamera auch von diesen Einschränkungen nicht betroffen. Selbst lange nach Sonnenuntergang lassen sich daher scharfe und farbige

Fotos produzieren. Allerdings sind ein gewisses Abstraktionsvermögen und etwas Erfahrung nötig, um die geeigneten Motive bei Dunkelheit zu finden, denn wir sehen sie eben nicht so, wie sie auf dem späteren Foto aussehen werden. Gleichzeitig müssen die technischen Herausforderungen gemeistert werden, denn bei Dunkelheit sind einerseits die Bedienelemente der Kamera schlecht zu erkennen, andererseits versagen manche Funktionen, etwa der Autofokus oder die Belichtungsmessung. Doch diese Probleme sind lösbar, und mit den folgenden Kameraeinstellungen gelingen Dämmerungsfotos am besten.

* FOKUS Die erste Schwierigkeit besteht darin, die beste Schärfe einzustellen. Zunächst sollte man einen Versuch mit dem Autofokus an einem weit entfernten Horizont oder dem Mond unternehmen, nicht jedoch an einem sternförmigen Objekt, denn damit kommt der Autofokus nicht klar. Nach erfolgter Fokussierung stellt man das Objektiv auf manuellen Fokus um, damit die gefundene Schärfeposition fixiert wird. Bei einer Spiegelreflexkamera mit einer „Live-View"-Funktion lässt sich das Bild auf dem Kameradisplay in der höchsten Vergrößerungsstufe nutzen, um an einem Stern oder Planeten den besten Fokus manuell einzustellen.

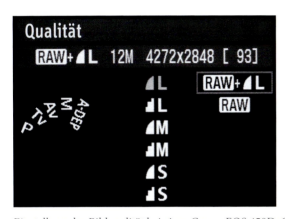

Einstellung der Bildqualität bei einer Canon EOS 450D: Gewählt ist hier das RAW-Format, während das Foto gleichzeitig auch im JPG-Format in der besten Qualität (L für „Large") gespeichert wird.

Einschalten der Rauschreduzierung bei Langzeitbelichtungen bei einer Canon EOS 450D. Es sollte die Einstellung „Ein" gewählt werden und nicht „Automatisch".

∗ DATEIFORMAT Dämmerungsbilder sollten immer im RAW-Format aufgenommen werden. Es bietet die größten Reserven für die Bildverarbeitung und meistert gegenüber dem JPG-Format einen größeren Helligkeitsumfang (Dynamik) der Motive.

∗ ISO-WERT In der niedrigsten Stufe (meist ISO 100) ist das Bildrauschen auf dem geringsten Niveau, andererseits ergeben sich relativ lange Belichtungszeiten. Je nach Situation lautet die Empfehlung deshalb: so niedrig wie möglich und so hoch wie nötig.

∗ WEISSABGLEICH Am besten geeignet ist die manuelle Einstellung auf „Tageslicht" (Symbol: „Sonne").

∗ RAUSCHREDUZIERUNG Verfügt die Kamera über die Einstellung „Rauschreduzierung bei Langzeitbelichtungen", sollte diese eingeschaltet werden. Dann allerdings fertigt die Kamera nach jeder Aufnahme mit längerer Belichtungszeit (ab einer Sekunde) ein Dunkelbild mit der gleichen „Belichtungszeit" an, und während dieser Zeit sind keine weiteren Aufnahmen möglich.

∗ BELICHTUNGSPROGRAMM Solange durch die Dämmerung noch eine Resthelligkeit vorhanden ist, ist die Zeitautomatik (Einstellung „A" oder „Av") eine gute Wahl. Dabei wählt man die Blende vor, während die Kamera durch Belichtungsmessung die dazu passende Belichtungszeit ermittelt und steuert. Dennoch lohnen Belichtungsreihen, bei denen mit Hilfe der manuellen Belichtungskorrektur absichtlich eine Unterbelichtung (Einstellung auf Werte „−2" und „−1") oder Überbelichtung (Werte „+1" und „+2") herbeigeführt wird. Nur bei Dunkelheit ist der manuelle Modus („M") vorzuziehen.

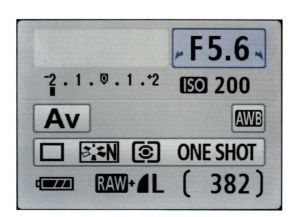

Beispiel Canon EOS 450D: Die manuelle Belichtungskorrektur wurde auf „−2" gestellt, was eine absichtliche Unterbelichtung um zwei Stufen gegenüber dem Automatikwert bedeutet.

Längere Belichtungszeiten bergen die Gefahr, dass durch die Erdrotation die Himmelsobjekte unscharf und Sterne als kleine Striche abgebildet werden. Um das zu vermeiden, sollten die Grenzwerte in der Tabelle in etwa eingehalten werden.

Maximale Belichtungszeit bei ruhender Kamera

Brennweite [mm]	Belichtungszeit [s]
10	14
15	9
20	7
24	6
28	5
35	4
50	3
85	2
100	1

Die Zeiten sind für den strengsten Fall gerechnet. In der Praxis können diese Werte mitunter verdoppelt oder gar verdreifacht werden, ohne dass eine strichförmige Abbildung von Sternen auf dem Foto beim üblichen Betrachtungsabstand zu bemerken ist. Bevor aber die Grenze der maximal zulässigen Belichtungszeit überschritten wird, kann notfalls auch der ISO-Wert gesteigert werden. Das durch höhere ISO-Werte ansteigende Bildrauschen ist in jedem Fall einer strichförmigen Sternabbildung vorzuziehen.
Anfertigen sollte man grundsätzlich eine Vielzahl von Aufnahmen, denn die einsetzende oder fortschreitende Dämmerung bewirkt ein sich stets änderndes Verhältnis zwischen der Himmelshelligkeit, der Sichtbarkeit der Himmelsobjekte und der Resthelligkeit des Vordergrundes. Es gilt, den besten Zeitpunkt zu erwischen, bei dem die Helligkeiten in einem ausgewogenen Verhältnis zueinander stehen. Das Zeitfenster für diesen optimalen Moment beträgt manchmal nur wenige Minuten.

* BLENDE Die Blendenvorwahl hängt von der Motivhelligkeit ab. Eine voll geöffnete Blende (kleinster Blendenwert) ist manchmal nötig, um die erforderlichen, kurzen Belichtungszeiten zu erreichen. Bei größerer Motivhelligkeit blendet man das Objektiv aber besser um eine bis zwei Stufen ab, was der Abbildungsqualität zugute kommt und die Schärfentiefe steigert.
Sollen Himmelsobjekte und Vordergrund scharf abgebildet werden, muss die Blende zur Steigerung der Schärfentiefe etwas geschlossen werden. In diesem Fall ist es sinnvoll, die Schärfe von „unendlich" so weit in den Nahbereich zu verlegen, dass die „unendlich" weit entfernten Gestirne gerade noch von dem Bereich der anwachsenden Schärfentiefe erfasst werden. Die Schärfentiefe erstreckt sich dann maximal weit in den Nahbereich. Diese Einstellung wird nur mit der manuellen Fokussierung gelingen, denn es muss auf eine (gedachte) Ebene zwischen Vordergrundmotiv und Himmelshintergrund scharf gestellt werden, in der meistens kein vom Autofokus anvisierbares Motiv existiert.

STRICHSPURAUFNAHMEN

Mit einer Digitalkamera sind lange Belichtungszeiten, wie man sie früher bei Aufnahmen auf Film machte, nicht sinnvoll. Zum einen würde das elektronische Bildrauschen überhandnehmen, zum anderen wäre die Überbelichtung von helleren Vordergrundobjekten nicht zu vermeiden. Stattdessen werden viele kürzer belichtete Einzelaufnahmen – ohne Pause dazwischen – erstellt und anschließend mit einem Bildverarbeitungsprogramm zur endgültigen Strichspuraufnahme kombiniert.
Vor dem Start sollte man sicherstellen, dass der Akku voll geladen ist. Eine Digitalkamera benötigt nämlich auch während einer Langzeitbelichtung Strom. Sinnvoll kann es sein, einen oder zwei Reserveakkus parat zu halten. Eine mondlose Nacht ist für Strichspuraufnahmen nicht erforderlich, im Gegenteil: Als Lichtquelle illuminiert er die Szenerie im Vordergrund. Eine Vollmondnacht jedoch wäre wieder des Guten zuviel. Folgende Kameraeinstellungen versprechen die besten Ergebnisse:

* DATEIFORMAT Für Strichspuraufnahmen ist das JPG-Format in seiner besten Auflösung empfehlenswert. JPG-Dateien können von der Kamera schneller verarbeitet werden als RAW-Dateien, so dass Pausen zwischen den Aufnahmen kaum zu befürchten sind.

* BILDSTIL Fotos, die im JPG-Format aufgenommen werden, unterliegen den Einstellungen des jeweils ausgewählten Bildstils (Picture Style). Verwenden sollte man den Bildstil „Neutral", weil dort die Schärfung auf Null steht. Eine Nachschärfung von Sternen oder Sternspuren ist nicht ratsam.

* ISO-WERT Eine gute Empfehlung ist ISO 400 bei Blende 1:2,8. Ist der Himmel und/oder die Landschaft stark aufgehellt, sind kleinere ISO-Werte zu bevorzugen. Höhere ISO-Werte sind nur bei Verwendung lichtschwächerer Objektive sinnvoll.

< Scharfstellung auf ein „mittleres" Objekt, das Gebäude. Die Schärfentiefe erstreckt sich nach Abblendung auf 1:2,8 von „unendlich" bis zu den Ästen im Vordergrund.

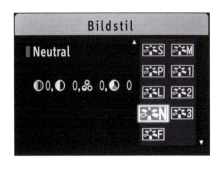

< Wahl des Bildstils „Neutral" (Canon EOS 450D). Alle Einstellungen stehen auf Null, wobei besonders die Nullstellung für die Schärfe (ganz links) wichtig ist.

* **WEISSABGLEICH** Die manuelle Einstellung auf „Tageslicht" (Symbol: „Sonne") ist korrekt.

* **RAUSCHREDUZIERUNG** Alle Funktionen, die eine Rauschreduktion nach der Aufnahme bewirken, etwa die „Rauschreduzierung bei Langzeitbelichtungen", müssen für Reihenaufnahmen unbedingt aus(!)geschaltet werden, um Pausen zwischen den Einzelbelichtungen zu vermeiden.

* **BELICHTUNGSPROGRAMM** In Frage kommt nur die manuelle Einstellung („M"). Die Belichtungszeit sollte auf den gewünschten Wert gestellt werden (z.B. 30" für 30 volle Sekunden), nicht auf „B" (BULB) für beliebig lange Belichtungen.

* **BLENDE** Blende 1:2,8 sollte eingestellt werden. Falls das verwendete Objektiv lichtstärker ist, muss es auf 1:2,8 abgeblendet werden. Steht diese Blende bei lichtschwächeren Objektiven nicht zur Verfügung, verwendet man die größtmögliche Blendenöffnung (die kleinste Blendenzahl).

* **FOKUS** Fokussiert wird, wie im vorhergehenden Abschnitt erläutert.

* **BILDMODUS** Die Betriebsart der Kamera sollte auf „Reihenaufnahme" gestellt werden. Das ist die Serienbildfunktion, in der die Kamera ein Bild nach dem nächsten aufnimmt, solange der Auslöser gedrückt bleibt. Zu Beginn sollte man an einer Testaufnahme Belichtung, Schärfe und den

Screenshot der Freeware „Startrails". Der Pfeil weist auf den Knopf, mit dem die Strichspuraufnahme entsteht, nachdem alle Einzelbilder aus der linken Spalte geöffnet wurden.

gewählten Bildausschnitt sorgfältig kontrollieren. Um eine automatisch ablaufende Aufnahmeserie zu starten, drückt und verriegelt man dann den Auslöseknopf des Kabelauslösers. Zum Beenden der Serie wird der Auslöseknopf wieder entriegelt.

* **BILDVERARBEITUNG** Als Ergebnis der nächtlichen Aufnahmeserie liegt nun eine mehr oder minder große Zahl einzelner Fotos vor, die zu einer Strichspuraufnahme zusammengefügt werden müssen. Dazu kann man unter www.startrails.de kostenfrei das kleine Programm „Startrails" herunterladen. Alle Aufnahmen, die zur Serie gehören, werden darin geöffnet. Dann klickt man auf den Knopf „Strichspuren", und auf dem Bildschirm lässt sich nun verfolgen, wie die Sternspuren lang und immer länger werden!

FOTOS VON SONNE UND MOND

Während der Mond bei Nachtaufnahmen ein häufiges Ziel ist, kann die Sonne diesem Anspruch allenfalls bei Sonnenauf- und -untergang gerecht werden. Eine Gemeinsamkeit beider ist ihre scheinbare Größe am Himmel. Der Durchmesser von Sonne und Mond beträgt etwa 30 Bogenminuten, also ein halbes Grad. Am eindrucksvollsten wirken sie, wenn sie nur knapp über dem Horizont abgelichtet werden.

* **BRENNWEITE** Bei Aufnahmen von Sonne und Mond wundert man sich häufig darüber, wie klein diese auf dem späteren Bild erscheinen. Die Abbildungsgröße der Sonne oder des Mondes auf dem Sensor lässt sich ungefähr ermitteln, wenn man die verwendete Brennweite durch 110 teilt. Ein Objektiv mit 200 Millimeter Brennweite erzeugt demnach ein 1,8 Millimeter großes Abbild auf dem Sensor. Ist dessen Größe bekannt, lässt sich daraus die Größe der Sonne oder des Mondes auf dem Gesamtbild ableiten. Verwendet man eine Spiegelreflexkamera mit einem Sensor im APS-C-Format, beträgt die Sensorgröße rund 15 x 22 Millimeter. Mit dem besagten 200-Millimeterobjektiv wird die Sonne bzw. der Mond also nur ein Achtel der Bildhöhe ausmachen.

Sollen Sonne oder Mond groß auf dem Bild in Erscheinung treten, sind Objektive mit langer Brennweite zu verwenden. Stehen diese nicht zur Verfügung, ist ein kleines astronomisches Linsenteleskop eine Alternative. Spiegelreflexkameras lassen sich daran mit einem Adapter leicht anschließen, dann dient die Optik des Teleskops als Objektiv. Allerdings verfügen Teleskope nicht

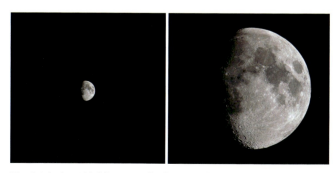

Vergleich der Abbildungsgröße des Mondes, aufgenommen mit einer Canon EOS 400D bei 200 Millimeter Brennweite (links) und bei 1200 Millimeter Brennweite (rechts).

über eine Blende, so dass man die Schärfentiefe nicht steigern kann, vom fehlenden Autofokus ganz zu schweigen. Gerade die Blende ist aber wichtig, wenn man irdische Vordergrundobjekte scharf abbilden möchte.

Sowohl für Objektive als auch für Teleskope gibt es optische Komponenten, die die effektive Brennweite noch verlängern. Bei Objektiven sind es Telekonverter, die zwischen Kamera und Objektiv montiert werden und die die Brennweite, je nach Modell, um den Faktor 1,4 oder 2 verlängern. Für Teleskope gibt es Barlow-Linsen, die mit Verlängerungsfaktoren von 1,5- bis 5-fach angeboten werden.

* VORSICHT, SONNE! Bei Aufnahmen der Sonne ist besondere Vorsicht geboten, insbesondere mit langen Brennweiten. Wegen ihrer Helligkeit müssen unbedingt einige Maßnahmen getroffen werden, um eine Schädigung der Augen und der verwendeten Ausrüstung auszuschließen. Im Brennpunkt eines Objektivs können hohe Temperaturen entstehen, die auf Augen und Geräte eine verheerende Wirkung haben. Es reicht der flüchtige Blick auf die Sonne durch den Sucher, um ein Auge irreversibel zu schädigen oder seiner Sehkraft zu berauben. Kein Foto ist es wert, ein derartiges Risiko einzugehen. Daher gilt:

* Aufnahmen ohne Sonnenschutzfilter vor dem Objektiv sind nur dann ratsam, wenn die Sonne extrem knapp über dem Horizont steht und durch die Atmosphäre schon so stark geschwächt wird, dass man mit dem bloßen Auge hinsehen kann, ohne geblendet zu sein.

* Auch die stark gerötete Sonne nahe dem Horizont kann eine schädigende Wirkung haben. Beim kurzen Blick durch den Sucher sollte man die Abblendtaste der Kamera drücken, kombiniert mit einer kleinen Blendenöffnung.

* Wenn die Resthelligkeit der Sonne noch zu groß ist, sind ein Graufilter vor dem Objektiv und eine starke Sonnenbrille für das Auge empfehlenswert.

* Verzichten sollte man auf die Verwendung der „Live-View"-Funktion und anderer elektronischer Suchersysteme bei Sonnenaufnahmen, um Beschädigungen des Aufnahmesensors auszuschließen.

* Achtung: Diese Ratschläge beziehen sich ausschließlich auf Situationen bei Sonnenauf- oder -untergang mit stark gedämpfter Strahlungsintensität. Bei höher stehender Sonne sind spezielle Sonnenschutzfilter unabdingbar, um die Sicherheit von Auge und Kamera zu gewährleisten.

* VORDERGRUND Besonders attraktiv wirken Fotos, auf denen neben der riesigen Sonne oder dem Mond ein irdisches Vordergrundmotiv, etwa ein Bauwerk, abgebildet ist. Für solche Bilder ist eine genaue Planung nötig, um einen geeigneten Standort zu finden. Zu bedenken ist nämlich, dass die Entfernung zum Bauwerk oft viele Hundert Meter, zuweilen etliche Kilometer betragen wird. Die Aufnahme muss ja mit langer Brennweite erfolgen, um Sonne oder Mond hinreichend groß abzubilden. Befände man sich in Bauwerknähe, benötigte man ein kurzbrennweitiges Objektiv, um das Bauwerk zu erfassen, dann aber würden Sonne oder Mond zu klein dargestellt. Schwierig gestaltet sich auch die Vorhersage des Auf- oder Untergangspunktes am Horizont, denn dieser ändert sich geringfügig sogar von einem Tag auf den anderen. Um sichere Prognosen tätigen zu können, wann Sonne oder Mond von einem festgelegten Standort aus exakt hinter einem weit entfernten Bauwerk auf- oder untergehen, sind gute Kenntnisse der Himmelsmechanik, Ortskenntnis, etwas Beobachtungserfahrung und ein bisschen Glück notwendig. Während beim Mond mit größeren Schwankungen von Tag zu Tag gerechnet werden muss, halten sich die täglichen Abweichungen der Sonne im Rahmen. Aber auch die Auf- und Untergangszeiten verschieben sich jeden Tag.

Der aufgehende Vollmond über dem Stuttgarter Fernsehturm. Die Aufnahme wurde rund zehn Kilometer vom Turm entfernt mit einer Brennweite von 600 Millimetern angefertigt.

* WEITERE TIPPS für Aufnahmen von Sonne und Mond:

* Den Mond bei langer Brennweite nicht zu lange belichten, weil auch er an der täglichen und nächtlichen Himmelsdrehung teilnimmt.

* Mondfotos möglichst nicht bei fortgeschrittener Dunkelheit anfertigen, sondern in der Dämmerung. Dann hält sich der Helligkeitsumfang im Rahmen, und es wird gelingen, auch die Landschaft abzubilden, ohne dass die Strukturen auf der Mondscheibe durch Überbelichtung „ausfressen".

∗ Achten sollte man auch auf atmosphärische Erscheinungen wie Halos, Zenitalbögen oder Nebensonnen bzw. -monde in der Umgebung von Sonne und Mond. In der gegenüberliegenden Richtung könnte ein Sonnen- bzw. Mondregenbogen auftreten.

∗ Um ein Analemma der Sonne anzufertigen (vgl. S. 42), ist es erforderlich, mindestens ein Jahr lang in regelmäßigen Abständen vom gleichen Ort zur gleichen Zeit Aufnahmen anzufertigen. Das erfordert viel Disziplin und Wetterglück.

BESONDERE HIMMELSEREIGNISSE

Viele nicht alltägliche Himmelsereignisse sind plan- und vorhersehbar, andere treten jedoch auch gänzlich unerwartet auf. Fundierte Informationen über zu erwartende Himmelsereignisse müssen aus verschiedenen Quellen zusammengetragen werden. Zuverlässig vorhersagbare Dinge wie Finsternisse, Konjunktionen und Meteorschauer sind in einem astronomischen Jahrbuch vermerkt. Etwas mehr Einsatz erfordern unerwartet auftretende Sehenswürdigkeiten. Spezielle Webseiten im Internet berichten zeitnah über neue Kometen und die Wahrscheinlichkeit von Polarlichtern. Nur besonders auffallende Himmelserscheinungen werden auch von der Tagespresse vermeldet.

Zu dem Vorhaben, von einem besonderen Himmelsereignis ein Bild im TWAN-Stil zu machen, gehört auch die Suche nach einem attraktiven und bildwirksamen irdischen Vordergrundmotiv. Im Idealfall findet sich ein kultur- oder naturhistorisch bedeutsamer Ort für die Aufnahme, aber auch eine charakteristische Landschaft oder ein attraktiver Bau erfüllen den Zweck. Optimal ist es, schon in einer Nacht vor dem Ereignis Testaufnahmen zu machen, um herauszufinden, welche Objektivbrennweite am besten geeignet ist und mit welchen Belichtungsdaten die besten Ergebnisse erzielt werden. Anbei einige Tipps, wie Aufnahmen von Konjunktionen, Finsternissen und Sternschnuppen am besten gelingen.

∗ KONJUNKTIONEN Als Konjunktion wird die enge Begegnung mindestens zweier Himmelskörper bezeichnet. Konjunktionen des Mondes mit hellen Planeten sind keine Seltenheit, allerdings schwankt die Distanz der beteiligten Akteure von Mal zu Mal, und die Begegnung findet nicht immer fotogen in der Dämmerung statt.

Ist ein passender Ort gefunden, muss die richtige Aufnahmebrennweite ermittelt werden. Bei der Vorbereitung kann ein gutes Planetariumsprogramm hilfreich sein, das den Bildwinkel verschiedener Kamera-Objektiv-Kombinationen anzeigen kann. Im Zweifelsfall sollte man zu kürzeren Brennweiten tendieren, denn formatfüllend aufgenommen wirkt selbst eine enge Begegnung zweier Gestirne wenig beeindruckend. Die Aufnahmetechnik ist die gleiche, wie im Abschnitt „Stimmungsaufnahmen in der Dämmerung" beschrieben.

Eine Konjunktion von Mond und Venus in der Dämmerung, aufgenommen mit 135 Millimeter Brennweite.

∗ SONNEN- UND MONDFINSTERNISSE
Die Fotografie von Sonne und Mond wurde im vorhergehenden Abschnitt beschrieben. Ein Sonderfall tritt ein, wenn sich eine Sonnen- oder Mondfinsternis ereignet. Darauf sollte man sich gut vorbereiten, denn eine zweite Chance bietet sich oft erst nach langer Zeit.

Bei einer Sonnenfinsternis muss generell und zu jedem Zeitpunkt ein sicherer Sonnenschutzfilter aus dem Fachhandel vor dem Objektiv verwendet werden, andernfalls sind keine brauchbaren Aufnahmen zu erwarten und die Kamera sowie das Augenlicht in Gefahr, dauerhaft geschädigt zu werden. Die einzige Ausnahme ist die Phase der Totalität bei einer Sonnenfinsternis, bei der der Neumond die Sonnenscheibe vollständig abdeckt. Nur in diesem Stadium, das einige Sekunden bis wenige Minuten andauert, darf und muss ohne Schutzfilter fotografiert werden.

Die Belichtung kann mit der manuellen Belichtungseinstellung in weiten Grenzen variiert werden, um einen sogenannten Belichtungsfächer zu erzeugen. Dann kann man fast sicher sein, ein brauchbares Ergebnis dabeizuhaben. Die Belichtung entscheidet außerdem darüber, welche Teile der Sonnenkorona zu sehen sind (vgl. S. 71). So entstehen von einer Motivsituation durch unterschiedlich lange Belichtungen verschiedene Aufnahmen, die alle ihren eigenen Reiz haben können. Wenn die Sonne während der Finsternis hoch am Himmel steht, ist es schwierig, die Landschaft einzubeziehen. Das gelingt dann nur durch die Verwendung eines starken Weitwinkel- oder gar

Der Aufgang der partiell verfinsterten Sonne bietet nah am Horizont ein besonders schönes Bild. Das Foto wurde mit 600 Millimeter Brennweite aufgenommen.

Ein für die Fotografie von Meteoren geeignetes Setup mit Fischaugen-Objektiv.

Fischaugen-Objektivs. Dann wird aber auch die Sonne ziemlich klein abgebildet, so dass die Finsternisphasen nur schwer zu erkennen sind. Während der Totalität ist das weniger tragisch, denn es besteht die Chance, auch helle Planeten oder Sterne am abgedunkelten Tageshimmel zu erwischen. Für die partiellen Phasen ist es fotografisch hingegen das Beste, wenn die Sonne in der Nähe des Horizonts steht und längere Brennweiten zum Einsatz kommen.

Eine gute Methode, den Verlauf von Sonnen- und Mondfinsternissen zu dokumentieren, ist eine „Mehrfachbelichtung". Im Zeitalter der Digitalfotografie ist damit gemeint, in möglichst gleichbleibenden Abständen mit einer fest auf dem Stativ montierten Kamera eine Aufnahmeserie anzufertigen. Erst durch spätere Bildverarbeitung wird daraus das fertige Bild erzeugt, auf dem unterschiedliche Phasen der Finsternis zu sehen sind (vgl. S. 129). Belichten sollte man die Einzelaufnahmen für eine solche Serie möglichst identisch mit manueller Einstellung.

* STERNSCHNUPPEN Das Auftreten eines Meteors (Sternschnuppe) kann nicht vorhergesagt werden, in jeder Nacht treten sporadisch einige auf. Dennoch ist im Jahreslauf eine Häufung der Meteortätigkeit in bestimmten Zeiträumen auffällig. Die Maxima dieser „Meteorströme" sind in jedem astronomischen Jahrbuch vermerkt. Und weil auch der Ort am Himmel, an dem ein Meteor auftritt, nicht prognostizierbar ist, ist ein Weitwinkel- oder gar Fischaugen-Objektiv zu verwenden, um einen möglichst großen Himmelsbereich zu erfassen. Suchen sollte man sich einen dunklen Beobachtungsort abseits störender Lichtquellen, am besten in einer Nacht ohne Mond. Nur dann erfasst man auch die vielen lichtschwächeren Meteore.

Auch hellere Meteore zischen mitunter mit einer hohen Geschwindigkeit über den Himmel, so dass man Mühe hat, sie mit der Kamera festzuhalten. Daher ist ein lichtstarkes Objektiv von Vorteil, gepaart mit einem hohen ISO-Wert. Anfertigen sollte man eine Aufnahme nach der nächsten, ohne die einzelnen Bilder zu lange zu belichten. Erst danach wird sich herausstellen, ob viele oder eine besonders helle Sternschnuppe während einer Belichtung durch das Gesichtsfeld geflogen sind.

BILDVERARBEITUNG

Die Bildverarbeitung spielt in der Digitalfotografie eine große Rolle, besonders auch bei TWAN-Motiven. Dabei wird hier unter Bildverarbeitung keine Bildmanipulation wie etwa eine Montage von Bildteilen in ein anderes Bild verstanden, sondern lediglich die optimale Präsentation der in einem „Rohbild" enthaltenen Daten. Ein allgemeingültiges „Kochrezept" dafür gibt es nicht, zu verschieden sind die Motive und Kameras. Dennoch lassen sich einige Dinge generell festhalten. Zwar enthält die Software, die zum Lieferumfang einer Kamera gehört, einen herstellerspezifischen „RAW-Konverter" zur Entwicklung von Fotos im RAW-Format, doch auch mit der Standardsoftware für die Bearbeitung von Fotos, Adobe Photoshop (auch in der „abgespeckten" Version Photoshop Elements), kann die Entwicklung durchgeführt werden. Viele Verbesserungsmöglichkeiten bestehen während dieses Vorgangs, die das JPG-Format nicht bietet.

* UNTER- UND ÜBERBELICHTUNGEN
Zunächst müssen die gewaltigen Helligkeitsunterschiede eines klassischen TWAN-Fotos bewältigt werden. Dieser „Dynamikumfang" ist vom Motiv abhängig und kann durch den Fotografen allenfalls durch die Wahl des Aufnahmezeitpunkts beeinflusst werden. Da jede Kamera nur einen eingeschränkten Dynamikbereich abbilden kann, sollen möglichst wenige Bildteile in tiefem, strukturlosem Schwarz (Unterbelichtung) und ebenso strukturlosem Weiß (Überbelichtung) erscheinen. Um die für Unter- und Überbelichtung gefährdeten Bereiche zu identifizieren, klickt man in Photoshop auf die beiden Dreiecke oberhalb der Histogrammanzeige. Unterbelichtete Partien werden dann blau, überbelichtete rot eingefärbt. Mit den Reglern „Belichtung" (je nach Bedarf nach links oder rechts ziehen), „Reparatur" (nach rechts ziehen), „Fülllicht" (nach rechts ziehen)

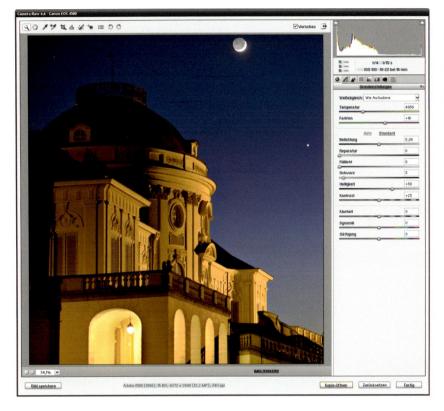

Im Vorschaufenster werden unter- und überbelichtete Bereiche blau bzw. rot markiert, wenn man auf die beiden Knöpfchen oberhalb des Histogramms (blauer und roter Pfeil) klickt. Dies ist sinnvoll, um diese Bereiche deutlich zu identifizieren.

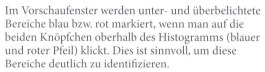

< „Adobe Camera Raw" ist der RAW-Konverter von Photoshop. Dieses Modul erscheint automatisch, wenn man in Photoshop eine RAW-Datei (Datei-Suffix *.CR2, *.NEF, *.DNG, …) öffnet.

< Die Grundeinstellungen der Schärfung und Rauschreduzierung im Modul „Adobe Camera Raw" sind für TWAN-Fotos nicht optimal. Der Betrag der Schärfung sollte auf Null stehen, die Rauschreduzierung im Luminanzkanal sollte ggf. angehoben werden.

< Mit den „Objektivkorrekturen" können Abbildungsfehler des Objektivs eliminiert oder abgemildert werden.

und „Schwarz" (nach links ziehen) kann man die maximale Dynamik aus einer RAW-Datei herausholen und die über- und unterbelichteten Bereiche zum Verschwinden bringen oder stark einschränken.

* SCHÄRFUNG UND RAUSCHREDUZIERUNG
Weiter geht es mit der Registerkarte „Details", dem dritten Knopf von links unterhalb des Histogramms: Wenn die Aufnahme mit einem sehr scharf zeichnenden Objektiv aufgenommen wurde, wirken die Sterne meistens unnatürlich, wenn während der RAW-Entwicklung eine Nachschärfung erfolgt, wie das in der Grundeinstellung der Fall ist. Daher ist es besser, den Schärferegler „Betrag" auf Null, also an den linken Anschlag zu verschieben. Anders verhält es sich mit der „Rauschreduzierung". Hier ist standardmäßig nur eine Reduktion des Farbrauschens vorgesehen. Ist das Bild jedoch mit einem hohen ISO-Wert oder einer längeren Belichtungszeit aufgenommen, möchte man vielleicht auch das Luminanzrauschen abmildern. Dazu schiebt man den Regler „Luminanz" so weit nach rechts, bis das Bild in der Vorschau den Wünschen entspricht. Übertreibungen haben die Bildung von Artefakten zur Folge, die noch weniger gewünscht sind als ein moderates Bildrauschen. Für die Vorschau empfiehlt es sich, die Zoom-Stufe auf „100%" zu stellen.

* OBJEKTIVKORREKTUREN Mit dieser Registerkarte im Modul „Adobe Camera RAW" kann neben eventuell auftretenden farbigen Rändern von Objekten abseits der Bildmitte der Vignettierung entgegengewirkt werden. Damit sind abgedunkelte Bildecken gemeint, die bei den meisten Objektiven bei vollständig geöffneter Blende auftreten.

Die genannten Eingriffe sind bei der Bearbeitung typischer TWAN-Fotos von Bedeutung. Es lassen sich aber auch allgemeine Bildverarbeitungsparameter in „Camera Raw" beeinflussen wie etwa: Weißabgleich (Farbtemperatur), Farbsättigung, Kontrast, Gradation. Zudem kann man durch Auswahl des entsprechenden Werkzeugs in der oberen Leiste das Foto um beliebige Winkelbeträge drehen, auf das endgültige Format beschneiden sowie einen Punkt definieren, der farbneutral erscheinen soll. Wird die Fülle der Bearbeitungsmöglichkeiten bereits während der RAW-Entwicklung ausgeschöpft, ist die Bildbearbeitung in dem Moment erledigt, in dem man auf den Knopf „Bild öffnen" klickt, um das Bild in Photoshop zu importieren. Ob dort noch weitere Schritte unternommen werden, hängt von den eigenen Wünschen ab. Das fertige Bild sollte zum Schluss in einem verlustfreien Dateiformat wie TIFF oder PSD gespeichert werden.

AMIR H. ABOLFATH

Geboren im Jahr 1983, ist der Teheraner Amir H. Abolfath das jüngste TWAN-Mitglied. Sein erstes Astrofoto entstand, als er neun Jahre alt war. Um landschaftlich und kulturell interessante Motive vor dem Sternenhimmel aufzunehmen, bereist der talentierte Fotograf sein ganzes Heimatland. Sein spezielles Interesse gilt Fischaugen-Aufnahmen und Zeitrafferfilmen des Himmels. National und auch international kann er bereits Erfolge verbuchen: Neben Veröffentlichungen in Magazinen und Publikationen auf der NASA-Webseite erschien seine Langzeitbelichtung während eines Messier-Marathons in der amerikanischen Zeitschrift „National Geographic" (vgl. S. 13).
Iran, www.torgheh.ir/en

ANTHONY AYIOMAMITIS

Durch die Mondlandung entwickelte Anthony Ayiomamitis schon in seiner Jugend ein großes Interesse für das Weltall. Beruflich entschied er sich jedoch für ein Studium der Computerwissenschaften in Kanada. Heute lebt er wieder in Athen und widmet sich intensiv seiner Leidenschaft, der Astronomie. Sein astrofotografisches Spektrum ist breit gefächert. Besondere Bekanntheit erlangte Ayiomamitis durch seine Sonnenanalemma-Fotografien (vgl. S. 10). Vier davon zählen zu den über 15 seiner Arbeiten, die von der NASA zum täglich ausgelobten „Astronomy Picture of the Day" gekürt wurden.
Griechenland, www.perseus.gr

SERGE BRUNIER

Aufgewachsen in Paris, der „Stadt der Lichter", hatte Serge Brunier als Astrofotograf eigentlich keine guten Voraussetzungen. Aber vielleicht war gerade das die Inspiration für sein Interesse am Sternenhimmel. Als Fotograf und Autor publiziert er heute in zahlreichen einschlägigen Magazinen, unter anderem dem amerikanischen Magazin „Sky and Telescope", aber auch in Form eigener Bücher, die zum Teil in zehn Sprachen übersetzt wurden und für die er vielfach ausgezeichnet wurde. 2007 wurde sein 144 (!) Quadratmeter großes Milchstraßenmosaik im „Palais de la Découverte" ausgestellt, dem größten Wissenschaftsmuseum von Paris.
Frankreich, www.sergebrunier.com

JUAN CARLOS CASADO

In zahlreichen Ausstellungen an spanischen Schulen, Universitäten, Museen und Planetarien waren die Himmelsfotografien von Juan Carlos Casado bereits zu bewundern. Aber auch Magazine, darunter „National Geographic", sowie Fernsehsender und populäre Webseiten wie das von der NASA gekürte „Astronomy Picture of the Day" greifen immer wieder auf sein Bildmaterial zurück. Casado pflegt einen engen Kontakt zu verschiedenen Institutionen im Bereich der Wissenschaft und Bildung, etwa dem „Instituto de Astrofísica de Canarias". Seine Arbeiten aus Europa, Asien und Afrika zeigen kulturhistorische Stätten als Kulisse vor den Attraktionen des Nachthimmels.

P. K. CHEN

Seinen Spitznamen „Peter Pan der Sterne" verdankt Chen Pei-Kung wohl einem seiner Bücher, einer Autobiografie mit dem Titel „Peter Pan under the Starlight". Der Fotograf und Journalist ist ständig auf Achse und sucht die weltweit besten Orte auf, um einen klaren, dunklen Nachthimmel zu beobachten und zu fotografieren. Immer wieder treibt es ihn dazu auf den fast 4000 Meter hohen Yu Shan (übersetzt „Jadeberg"), den höchsten Gipfel Taiwans, wo er der städtischen Licht- und Luftverschmutzung entfliehen kann. Eine Triebfeder für Chens Aktivitäten ist seine Überzeugung, mit seinen Fotos immer wieder neue Perspektiven und Sichtweisen zu entdecken.

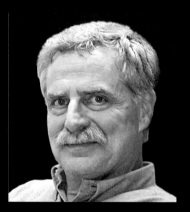

DENNIS DI CICCO

Bekannt wurde Dennis di Cicco einem breiten Publikum auch über die USA hinaus durch seine 1974 begonnene und bis heute anhaltende Tätigkeit als Redakteur des renommierten amerikanischen Astronomie-Magazins „Sky and Telescope". Jeder Leser kennt seine Testberichte über astronomisches Equipment, aber nur wenige wissen, dass er auch der Entdecker zahlreicher Asteroiden ist. Einen benannte die Internationale Astronomische Union ihm zu Ehren mit „3841 Dicicco". In den 1990er-Jahren leistete di Cicco Pionierarbeit im Bereich der RGB-Farbsynthese, die bei der Astrofotografie mit CCD-Kameras noch heute üblich ist.

FRED ESPENAK

Gut möglich, dass er unter seinem Spitznamen „Mr. Eclipse" bekannter ist als unter seinem wirklichen Namen. Fred Espenak hat sich nämlich mit Haut und Haaren dem Thema Finsternisse verschrieben, nachdem er 1970 selbst Zeuge einer totalen Sonnenfinsternis war. Espenak sitzt an der Datenquelle, da er als Astrophysiker bei der NASA im „Goddard Space Flight Center" arbeitet. Regelmäßig publiziert er präzise Prognosen zum Verlauf und der Sichtbarkeit von Finsternissen, die anderen Finsternisjägern als zuverlässige Planungsgrundlage dienen. Viele Finsternisse lässt er sich auch „live" nicht entgehen und reist dafür mitunter um den ganzen Globus.
USA, www.mreclipse.com

JOHN GOLDSMITH

In „Down Under" lebt und arbeitet John Goldsmith. Doch sein Wirkungsbereich ist nicht auf Australien beschränkt: Zu seinen eindrucksvollsten Werken zählen Fotos des Kometen Hale-Bopp aus dem Jahr 1997 über den Pyramiden von Gizeh und der Anlage von Stonehenge (S. 86 und 73). Goldsmith liebt die Natur und die Fotografie sowie die teils abenteuerlichen Reisen zu astrofotografisch interessanten Orten. Der menschen- und völkerverbindende Aspekt kommt bei ihm nie zu kurz: Er möchte dazu beitragen, Kunst und Wissenschaft sowie Religionen und Kulturen einander näherzubringen.
Australien, www.astronomywa.net.au

STÉPHANE GUISARD

Stéphane Guisard lebt als gebürtiger Franzose seit 1994 in Chile. Er geht dort einer Tätigkeit nach, die viele Hobby-Astronomen als Traumjob bezeichnen würden: Er ist Optik-Ingenieur am VLT, dem „Very Large Telescope" der Europäischen Südsternwarte (ESO). Seinen Standortvorteil nutzt Guisard, um atemberaubende Fotos und Videosequenzen des perfekten Sternenhimmels über der chilenischen Atacama-Wüste zu produzieren. Dank seiner fundierten Kenntnisse der Bildbearbeitung entstehen Resultate von bestechender Ästhetik. Kein Wunder, dass seine Arbeiten regelmäßig in zahllosen Medien rund um die Welt publiziert werden.
Chile, www.astrosurf.com/sguisard

PER-MAGNUS HEDÉN

Unweit von Stockholm geboren, lebt und wirkt Per-Magnus Hedén heute in Schwedens Hauptstadt. Seit 1999 ist er in verschiedenen Sparten der Astrofotografie tätig und verbrachte dazu viele Nächte in seiner eigenen Sternwarte. Im Lauf der Jahre kristallisierte sich jedoch seine Vorliebe heraus, mit mobiler Ausrüstung in die Wildnis zu ziehen und das schimmernde Band der Milchstraße, Polarlichter, leuchtende Nachtwolken oder nächtliche Landschaften unter dem Licht des Mondes aufzunehmen. Hedén vertreibt seine Arbeiten inzwischen durch seine eigene Firma, sie sind in Kunstausstellungen und zahlreichen internationalen Publikationen zu finden.
Schweden, www.clearskies.se

TAMAS LADANYI

Eine enorme Vielseitigkeit zeichnet Tamas Ladanyi aus. Nicht nur seine verschiedenen Ausbildungen zum Geograf, Wirtschaftswissenschaftler und Tourismusexperten legen davon Zeugnis ab, sondern auch seine Arbeiten als Autodidakt im Bereich der Fotografie. Während seine nächtlichen Landschaftsaufnahmen voller Zauber und Gefühl sind und mannigfaltig publiziert werden, gilt sein wissenschaftliches Interesse den Doppelsternen, von denen zwei Neuentdeckungen auf sein Konto gehen. Neben seiner Heimat gehören auch Island, der Himalaja und Patagonien zu Ladanyis fotografischen Wirkungsstätten.
Ungarn, http://ladanyi.csillagaszat.hu

LAURENT LAVEDER

Laurent Laveder ist in der Bretagne zu Hause, dem landschaftlich inspirierenden Westzipfel Frankreichs. Weltweit ist er für seine einzigartigen Fotos bekannt, bei denen Menschen im Vordergrund scheinbar in Interaktion mit dem Mondglobus treten (vgl. S. 59). Mit dieser neuartigen Idee hat er sich internationale Anerkennung verschafft. Man würde ihm jedoch Unrecht tun, ihn auf diese Fotos zu reduzieren, denn sein Spektrum reicht weit darüber hinaus: von nächtlichen Landschaftsaufnahmen bis hin zu „Deep-Sky-"-Astrofotos von fernen Himmelsobjekten. In seinem neuesten Projekt befasst sich Laveder mit dreidimensionalen Ansichten bei Nacht.
Frankreich, www.pixheaven.net

DAVID MALIN

David Malin wurde 1941 in England geboren. Nach einer Ausbildung zum Chemiker zog es ihn 1975 nach Sydney, um am „Anglo-Australian Observatory" eine Stelle als wissenschaftlicher Fotograf anzutreten. Mit einem 3,9-Meter-Teleskop fertigte Malin dort Himmelsaufnahmen auf klassischem Filmmaterial an. Mit großer Hingabe widmete er sich der Reproduktion der Negative und entwickelte bahnbrechende Verfahren, um selbst schwächste Details und realitätsnahe Farben sichtbar zu machen. 120 wissenschaftliche Arbeiten und sieben Bücher zeugen von seinen außergewöhnlichen Resultaten, die David Malin zum weltweit bekanntesten Astrofotografen machten.
Australien, www.davidmalin.com

DENNIS MAMMANA

Weltweit hat sich Dennis Mammana in den letzten drei Jahrzehnten einen Namen gemacht. Als studierter Astrophysiker widmete er sich zunächst vorwiegend der Öffentlichkeitsarbeit verschiedener Planetarien. Heute konzentriert er sich auf seine Tätigkeiten als populärwissenschaftlicher Autor, dynamischer Vortragsredner und kreativer Fotograf. An seinem Wohnort im südlichen Kalifornien genießt er dazu einen wunderbar dunklen Nachthimmel. Nicht weniger als sechs Astronomiebücher hat er verfasst, dazu Hunderte populärwissenschaftlicher Artikel. Um seiner Fotoleidenschaft nachzugehen, hat er sechs Kontinente bereist.
USA, www.DennisMammana.com

GERNOT MEISER

Aufgewachsen ist Gernot Meiser in Saarlouis an der Grenze zu Frankreich, wo er auch heute noch lebt. Allerdings nur dann, wenn er nicht gerade ferne Länder bereist, um eine Sonnenfinsternis zu beobachten. Diese Passion geht zurück auf ein Erlebnis im Jahr 1972, als die Beobachtung einer partiellen Finsternis seine Begeisterung weckte. Doch Meiser geht es nicht nur um eigene Beobachtungen und Fotos, sondern auch darum, anderen Menschen den Himmel näherzubringen. Zum Ausdruck kommt das sowohl in seiner regen Vortragstätigkeit als auch dem Betrieb einer „mobilen Sternwarte", die die Astronomie sprichwörtlich zu den Menschen bringt.
Deutschland, www.mobile-sternwarte.de

KWON O CHUL

Seit dem Jahr 1992 gehört auch der gestirnte Nachthimmel zum fotografischen Repertoire des in Seoul geborenen Koreaners. Während Kwon O Chul beruflich Computernetzwerke betreut, nutzt er jede klare Nacht am Wochenende, um mit seinen Mittelformat- und Panoramakameras hochwertige Landschafts- und Astrofotografien in Ausstellungsqualität zu gewinnen. Bei der Auswahl seiner nächtlichen Motive ist ihm die Ausgewogenheit und Harmonie zwischen dem Sternenhimmel auf der einen Seite und Kulturdenkmälern oder anderen attraktiven Vordergrundmotiven auf der anderen Seite besonders wichtig.
Korea, www.astrokorea.com/kwon572

WALLY PACHOLKA

Der aus Montreal stammende gebürtige Kanadier lebt heute im Süden Kaliforniens. Von Kindesbeinen an galt sein Interesse dem Sternenhimmel. Er begann diesen zu fotografieren, um anderen Menschen zu zeigen, was sie in einer sternklaren Nacht versäumen. Sein Archiv umfasst inzwischen eine große Zahl fantastischer Nachtaufnahmen von bekannten Landschaften in amerikanischen Nationalparks. Bereits zweimal wählte das „TIME Magazine" Fotos von Pacholka zum „Bild des Jahres". Antrieb für seine rege Fototätigkeit ist immer noch seine Liebe zum gestirnten Himmel, aber auch seine Vision, etwas zum Frieden und der Verständigung auf der Welt beitragen zu können.
USA, www.astropics.com

PEKKA PARVIAINEN

Im Süden Finnlands liegt die Heimat von Pekka Parviainen. Seit über 15 Jahren ist er an der Universität in Turku als Mathematiker tätig. In den letzten zehn Jahren entwickelte Parviainen eine zweite Karriere als professioneller Fotograf, wobei er sich auf Aufnahmen atmosphärischer Erscheinungen spezialisierte. Seine Fotos finden weltweit große Beachtung. Da sein Wohnort auf dem 60. Breitengrad weit im Norden liegt, umfasst sein Bildarchiv eine große Zahl höchst bemerkenswerter Aufnahmen von Polarlichtern, leuchtenden Nachtwolken, Fata Morganen, Halo-Erscheinungen und anderen besonderen Phänomenen.
Finnland, www.polarimage.fi

BERND PRÖSCHOLD

Von der klassischen Astrofotografie mit Teleskop kommend, widmet sich Bernd Pröschold seit einigen Jahren vor allem der Landschaftsfotografie unter astronomischen Gesichtspunkten. Ausgelöst wurde diese Leidenschaft im Jahr 2001, als Polarlichter bis nach Süddeutschland zu sehen waren. Seine mit einer Fotokamera aufgenommenen Einzelbilder verarbeitet er zu kurzen Videosequenzen, die im Zeitraffer eine Vorstellung von der Dynamik vieler Himmelsphänomene vermitteln. Und damit hat er großen Erfolg: Pröschold beliefert Planetarien und Fernsehsender mit seinen Filmen, und das nicht nur in seinem Heimatland.
Deutschland, www.sternstunden.net

STEFAN SEIP

Seinen weltweit bekannten Namen verdankt der Biologe und IT-Spezialist Stefan Seip vor allem seinen herausragenden Himmelsfotografien, die ein breites Spektrum von Landschaftsaufnahmen über Planetenfotos bis hin zur Deep-Sky-Fotografie ferner Himmelsobjekte abdecken. Dabei greift Seip zu verschiedenen elektronischen Kamerasystemen, doch stets stellt er die Ästhetik eines Bildes in den Mittelpunkt. Seip ist darüber hinaus bekannt als Vortragender bei internationalen Konferenzen zum Thema Astrofotografie sowie als Buch- und Kalenderautor. Seine Fotos finden sich in zahlreichen Zeitschriften und Onlinemedien.
Deutschland, www.astromeeting.de

NIK SZYMANEK

Für seine Fotografien reist der in Essex beheimatete Nik Szymanek auch schon mal nach Hawaii und immer wieder auf die kanarische Insel La Palma. Dies tut er jedoch nicht nur mit dem Ziel, dort Bilder im TWAN-Stil aufzunehmen. Er ist als Pressefotograf der dortigen Sternwarten unterwegs, die er auch für seine Astrofotos nutzt. Ist er nicht selber vor Ort, setzt er für Deep-Sky-Aufnahmen ferner Himmelsobjekte gerne ein ferngesteuertes, auf Hawaii stationiertes 2-Meter-Teleskop ein. Szymanek ist ein großer Experte im Bereich der Bildverarbeitung, wovon die hervorragende Qualität seiner zahlreichen, thematisch breit gestreuten Resultate zeugt.
England, www.ccdland.net

BABAK A. TAFRESHI

Der in Teheran lebende Wissenschaftsjournalist ist Gründer und Leiter von TWAN, der Organisation „The World At Night". In dieser Eigenschaft hält Tafreshi regen Kontakt mit vielen Institutionen, Astrofotografen, Journalisten und Wissenschaftlern auf der ganzen Welt. Doch gerne greift der professionelle Fotograf auch selbst zur Kamera und nutzt seine rege Reisetätigkeit, um sein umfangreiches TWAN-Bildarchiv zu erweitern. Für seine Arbeiten wurde Tafreshi 2009 mit dem begehrten „Lennart Nilsson Award" in Stockholm ausgezeichnet. Regelmäßig kürt auch die NASA immer wieder Motive aus seiner Sammlung zum „Astronomy Picture of the Day".

YUICHI TAKASAKA

Der aus Tokio stammende gebürtige Japaner lebt und arbeitet heute in Kanada. Seinen Blick für gute Fotomotive schärfte er viele Jahre lang im Rahmen einer Tätigkeit als Kameramann. Als Autodidakt arbeitete er sich in die Fotografie ein. Takasaka liebt das Licht und die Farben. Was liegt da näher, als die eigene Kamera auf die in Kanada häufig auftretenden Polarlichter zu richten? Und so verdanken wir einige der beeindruckendsten Aufnahmen dieses Himmelsspektakels seinem geschulten Auge. Doch längst hat er sein Können mit dem gleichen Erfolg auch auf andere Himmelsphänomene ausgedehnt.
Kanada, www.blue-moon.ca

SHINGO TAKEI

Schon als Kind begeisterte sich Shingo Takei für den gestirnten Himmel. Seine ersten astrofotografischen Schritte unternahm er in den eiskalten Winternächten der Mongolei, nachdem er dort im März 1997 eine totale Sonnenfinsternis erlebt und nachts den hellen Kometen Hale-Bopp beobachtet hatte. Schnell erreichten seine Aufnahmen eine hohe Qualität, so dass sie in astronomischen Magazinen publiziert wurden. Heute sind „Sternenlandschaften", also Fotos im Stil von TWAN, Takeis Spezialität. Bei seinen Fotos, so sagt er, sei ihm die Harmonie der Menschheit mit den Sternen wichtig.
Japan, www.Takeishingo.com

TUNÇ TEZEL

Tunç Tezel gehört zu den führenden Figuren in der türkischen Astronomieszene. 1992 unternahm er seine ersten Versuche auf dem Gebiet der Astrofotografie. Nach nunmehr vielen Jahren der Praxis liegt sein Fokus auf Weitfeldfotografien des Sternenhimmels mit Motiven aus Natur und Kultur im Vordergrund. Weltweite Aufmerksamkeit wurde seiner Arbeit zuteil, als er 2006 ein sensationelles Foto eines Sonnenanalemmas mit einer total verfinsterten Sonne als Bestandteil publizierte (vgl. S. 42). Fischaugen-Aufnahmen des Himmels und Zeitrafferfilme gehören inzwischen ebenso zu Tezels Portfolio wie Fotoserien von Stern- oder Planetenbedeckungen durch den Mond.
Türkei

THAD V'SOSKE

Thad V'Soske lebt in Colorado und hat sich in erster Linie den bewegten Bildern verschrieben, also der Produktion von Filmen und Animationen. Diesen Schwerpunkt bildete er im Lauf von zehn Jahren heraus, in denen er zunächst vornehmlich klassische Astrofotografie mit langen Belichtungszeiten betrieb. Mit Hilfe von Fotokameras produziert er heute hoch aufgelöste Einzelbilder, die er anschließend zu Filmsequenzen von außergewöhnlicher Qualität verarbeitet. V'Soske widmet sich dieser Technik mit großer Leidenschaft und macht damit den oft unmerklichen Ablauf des Himmelsuhrwerks für jedermann sichtbar.
USA, www.cosmotions.com

ALEKSANDR YUFEREV

Eine regelrechte „Rundreise" hat Aleksandr Yuferev in seinem Leben hinter sich. Aufgewachsen in Sibirien absolvierte er ein Physik- und Astronomiestudium in Moskau, bekleidete verschiedene Positionen an Observatorien in Tadschikistan und Usbekistan, um nach der Auflösung der Sowjetunion über Moskau wieder in seine Heimat Sibirien zurückzukehren. Inspiriert von Gemälden in Aquarelltechnik, geht es Yuferev nicht ausschließlich um „Bits, Bytes und Farben" bei seinen Fotografien, sondern in erster Linie um die emotionale Komponente. Diesen Anspruch unterstreicht er dadurch, dass viele seiner Arbeiten in klassischem Schwarzweiß gehalten sind.
Russland, www.photographer.ru/~shu-yu

OSHIN D. ZAKARIAN

Der persisch-armenische Fotograf hat sich ganz seinen Aufnahmen verschrieben: Architektur, Industrie, Menschen, Porträts, es gibt kaum ein Gebiet, auf dem er nicht aktiv ist. Doch sein Augenmerk gilt in besonderem Maß der Natur und Kultur seines Landes bei Nacht oder während eines astronomisch bedeutsamen Ereignisses. Diesen Motiven fühlt er sich emotional besonders stark verbunden: Äste von Bäumen wirken des Nachts wie Arme und Hände, die nach den Sternen greifen, während der Stamm den Himmel mit der Erde verbindet. Etwas Romantik gehört für ihn dazu, vor allem bei der TWAN-Fotografie.
Iran, www.dreamview.net

LEROY ZIMMERMAN

Ansässig in Alaska nahe dem nördlichen Wendekreis, lebt und arbeitet LeRoy Zimmerman in einer rauen, wildromantischen Naturlandschaft. Diese bietet ihm die optimale Kulisse für das, was er gerne und seit 1967 leidenschaftlich tut: Panoramaaufnahmen von Polarlichtern anfertigen. Aus jeweils drei Einzelaufnahmen entstehen die Panoramen im Seitenverhältnis 1:4. Auf den Betrachter wirkt das ungewöhnliche Bildformat angenehm, denn das leichte Kopfdrehen bei der Erkundung einer Szene entspricht unserem natürlichen Verhalten. Sogar eine Briefmarke der amerikanischen Post zeigt ein Polarlichtfoto Zimmermans.
USA, www.photosymphony.com

DOUG ZUBENEL

Seit jeher nahm Doug Zubenel die Natur in erster Linie als den Himmel wahr, der über der Erde thront, und nicht die Erde mit dem Himmel darüber. Seine tiefe Verbundenheit mit dem Kosmos geht auch zurück auf eine zufällige, für ihn außerordentlich beeindruckende Beobachtung des Leoniden-Meteorschauers als Kind. Unter seinen ersten eigenen Fotos finden sich Aufnahmen des hellen Kometen West aus dem Jahr 1976. Seine Fotografie zeichnet sich vor allem dadurch aus, dass er kein Mittel unversucht lässt, eine bestmögliche Wirkung zu erzielen. So experimentiert er beispielsweise mit farbigem Licht, um die Vordergrundobjekte seiner Motive auszuleuchten.
USA

Asien

EINE NACHT IM GEBIRGE * 18

Nacht für Nacht ziehen die Sterne ihre Kreise am Himmel. Die künstlichen Lichter des Städtchens „AbeAsk" konkurrieren hier mit ihrem Schein und beleuchten die vorderen Bergflanken. Im Hintergrund ist der vom Mond beschienene, mehr als 5600 Meter hohe Vulkangipfel des Damāvand zu sehen (eingedeutscht „Demawend"). Durch eine lange Belichtungszeit wird die Rotation der Sterne um den Himmelsnordpol mit dem Polarstern (1) sichtbar. Freilich kreisen nicht die Sterne um die Erde, sondern die Bewegung entsteht durch die tagtägliche Rotation des Erdglobus.
Babak Tafreshi

VULKAN IM BLÜTENMEER * 19

Der Vulkan Damāvand ist sogar die höchste Erhebung des Mittleren Ostens, er ragt 5600 Meter hoch zwischen dem Kaspischen Meer und dem Persischen Hochland auf. Die auf dem Foto zu sehende Fahne über seinem Gipfel ist eine Wolke und kein Rauch. Sie entsteht auf der im Windschatten liegenden (Lee-)Seite eines Bergs, wenn auf der gegenüberliegenden (Luv-)Seite die Luft aufsteigt. Das Foto wurde in einer Frühlingsnacht bei Mondschein aufgenommen, so dass sowohl die Sternspuren am Himmel als auch die Blütenpracht im Vordergrund abgebildet werden konnten.
Oshin Zakarian

ERSTES MORGENROT * 20

Kaum ein anderer Berg überragt auch das Umland so prominent wie der Damāvand, er ist einer der höchsten freistehenden Berge der Welt. Der Höhenunterschied vom Gipfel bis zum Fuß beträgt 4700 Meter, das ist deutlich mehr, als der Mount Everest zu bieten hat. Das Bergmassiv leuchtet am Ende dieser Langzeitbelichtung bereits im frühen Licht der Morgendämmerung, während die Aufhellung am Horizont auch den Lichtern der etwa 70 Kilometer entfernten iranischen Hauptstadt Teheran zuzuschreiben ist. In der persischen Kultur spielt der heute ruhende Vulkan eine große Rolle.
Oshin Zakarian

BLICK IN DIE VERGANGENHEIT * 21

Die Sterne sind Zeugen der wechselvollen Geschichte der persischen Stadt Persepolis, die zum Weltkulturerbe der UNESCO zählt. Einst war sie die Hauptstadt des altpersischen Reichs, um 320 v. Chr. wurde sie von den Truppen Alexanders des Großen zerstört. Die Säulen des Apadana-Palastes sind bis zu 19 Meter hoch, in seiner Blütezeit besaß er von ihnen 72 Stück. Die Stadt bietet auch „Archäoastronomen" Interessantes, etwa ein Tor, durch das das morgendliche Sonnenlicht zur Tag- und Nachtgleiche fällt – also auch am 20./21. März, dem Termin des persischen Neujahrsfestes.
Babak Tafreshi

STERNKREISEL MIT RAHMEN * 22

Einen „Bilderrahmen für die Sterne" formen die Hausdächer aus dem historischen Zentrum der chinesischen Stadt Pingyao. Das aus der Mingzeit stammende Stadtbild machte diesen Ort bekannt, der seit 1997 zum UNESCO-Weltkulturerbe gehört. Als frühe Finanzhauptstadt Chinas spielte Pingyao in der Zeit der Ming- und Qing-Dynastien eine große Rolle, die sie jedoch im Laufe der Zeit an die Küstenstädte Hongkong und Shanghai abgeben musste. Wie Pingyao als Finanzmetropole heute aussehen würde, wissen wir nicht, der Sternenhimmel über ihr wäre aber der gleiche.
Juan Carlos Casado

METEORE GEGEN STERNSPUREN * 23

Am 18. November 2001 regnete es in Ostasien förmlich Meteore. Der Sternschnuppenstrom der „Leoniden" tritt alljährlich um diese Zeit auf, sollte aber, so waren die Prognosen, in diesem Jahr einen besonderen Höhepunkt erleben. Und die Prophezeiungen gingen in Erfüllung: Örtliche Beobachter zählten im Durchschnitt mindestens einen Meteor pro Sekunde! Auch diese Aufnahme, auf der als Kulisse das Sobaeksan-Observatorium in Korea zu sehen ist, zeigt zahlreiche außerordentlich helle Meteore, die während der 40-minütigen Belichtungszeit die Strichspuren der Sterne kreuzten.
Kwon O Chul

BRACHTE DIE VENUS DEN TOD? * 24–25

Der aufgehende Vollmond scheint auf das Humayun-Mausoleum in der indischen Hauptstadt Delhi, dessen Architektur als Vorläufer für das berühmte Taj Mahal gilt. Es handelt sich um die Grabstätte von Nasiruddin Muhammad Humayun, der in der Mitte des 16. Jahrhunderts zeitweise das Großmogulreich von Indien regierte. Seit 1993 ist es UNESCO-Weltkulturerbe. Das große Interesse Humayuns an astronomischen Phänomenen ist belegt. Dass er just nach einer Beobachtung des Planeten Venus von einer Treppe stürzte und an den Folgen verstarb, ist hingegen wohl eine Legende.
Gernot Meiser

GLANZVOLLE BEGEGNUNG * 26 LINKS

Wenn sich Mond und Venus am Abend- oder Morgenhimmel begegnen, ist das immer ein Blickfang. Als zweit- und dritthellstes Gestirn nach der Sonne liefern sie sehenswerte Schauspiele, vor allem dann, wenn ihre Annäherung besonders eng ausfällt. Auf einem Foto wirkt ein solches Treffen besonders eindrucksvoll, wenn auch den Vordergrund ein attraktives Motiv ziert. In diesem Fall ist das der prunkvolle Eingang zur Schah-Moschee am Königsplatz der iranischen Stadt Isfahan. Die Moschee gilt als Meisterstück der persischen Architektur.
Oshin Zakarian

DER MOND IM DACH * 26 RECHTS

Könnte der persische Astronom, Mathematiker, Dichter und Philosoph Omar Khayyām an die Decke des für ihn errichteten Mausoleums schauen, würde er in den Aussparungen des Daches hin und wieder die wunderschöne Mondsichel bestaunen können. Auch die unbeleuchtete Seite des Mondglobus ist hier zu erkennen. Von der Erdkugel reflektiertes Sonnenlicht lässt sie in aschgrauem Licht erscheinen. Das Mausoleum steht in der iranischen Stadt Nischapur im Nordosten des Landes. Khayyāms Hauptverdienst war im 12. Jahrhundert die Schaffung eines sehr exakten Kalenders.
Oshin Zakarian

194 ✳ GALERIE DER BILDER

MONDAUFGANG ÜBER MASCHHAD ✳ 27

Das Grabmal des schiitischen Imams Reza stellt ein bedeutendes religiöses Zentrum der 2,5-Millionen-Metropole Maschhad dar. Sie ist die zweitgrößte Stadt Irans und liegt rund 850 Kilometer östlich von Teheran. Reza war der achte der zwölf schiitischen Imame, und er ist der einzige, der nach seinem Tod im Jahr 818 n. Chr. auf iranischem Boden bestattet ist. Jährlich pilgern Hunderttausende Gläubige an diesen Ort. Insgesamt sechs Teilbelichtungen dokumentieren den Aufgang des Vollmondes über diesem Heiligtum.
Oshin Zakarian

STERNWARTE OHNE TELESKOPE ✳ 28–29

Zwischen 1727 und 1733 ließ Maharaja Jai Singh II das größte von insgesamt fünf „Jantar Mantar-Observatorien" in der seinerzeit indischen Hauptstadt Jaipur für astronomische und astrologische Zwecke errichten. Die teils monumentalen Bauwerke waren erforderlich, um die Ablesegenauigkeit der Positionen von Gestirnen zu gewährleisten. Zur Zeitbestimmung diente eine 30 Meter hohe Sonnenuhr, andere Aufgaben waren die Vorhersage von Finsternissen und die Vermessung von Planetenbahnen. Fernrohre waren zwar schon erfunden, kamen aber nicht zur Anwendung.
Babak Tafreshi

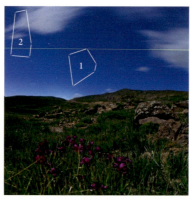

HIMMLISCHER FRÜHLINGSGRUSS ✳ 30

Im Elburs-Gebirge im Iran ist der Frühling eingekehrt. Zu erkennen ist das nicht nur an der Vegetation, den aufgeblühten, wilden Schwertlilien. Auch die „Himmelsuhr" der Sterne zeigt, dass der Winter auf dem absteigenden Ast ist: Die Wintersternbilder Fuhrmann (1) und Zwillinge (2) neigen sich am Westhorizont dem Untergang zu und machen die Bühne frei für die typischen Sternfiguren des Frühjahrs. Vorhandenes Mondlicht und eine relativ lange Belichtungszeit, die an den Wolkenbewegungen zu erkennen ist, lassen die Landschaft fast taghell erscheinen.
Babak Tafreshi

WÜSTENSAND UND STERNE ✳ 31

Man will tatsächlich herausgefunden haben, dass es im Universum mehr Sterne gibt als Sandkörner auf der Erde. Auf dem Foto ist von beiden eine gute Portion abgebildet, auch wenn nicht alle Lichtpunkte am Himmel Sterne sind. Der hellste Punkt, knapp über dem Wüstenhorizont, ist kein Stern, sondern der Planet Saturn (1). Nahe seiner Oppositionsstellung strahlt er besonders hell, weil er sich in Erdnähe befindet. Einige Umgebungssterne gehören zum Sternbild Löwe (2), das sich dem Westhorizont nähert. Entstanden ist die Aufnahme in der Kavir-Wüste im Iran.
Babak Tafreshi

ÜBER DEM DACH DER WELT ✳ 32–33

Dieses Foto entstand im Sagarmatha-Nationalpark in Nepal und zeigt die Gipfel des Himalaja. Außer dem höchsten Berg der Erde, dem Mount Everest (8848 Meter) zur Linken ist der Gipfel des Lhotse (8516 Meter) in der Mitte zu sehen und rechts der markante Ama Dablam (6856 Meter). Obwohl der Sternhaufen der Plejaden (1) darüber – astronomisch gesehen – noch jung ist, nämlich nur 100 Millionen Jahre, hat in seiner Lebensspanne die gesamte Auffaltung des Himalaja-Gebirges durch die Kollision der indischen mit der eurasischen Kontinentalplatte stattgefunden.
Babak Tafreshi

WELTWUNDER UNTER STERNEN ✳ 34

Dass die Chinesische Mauer mit dem bloßen Auge aus der Erdumlaufbahn zu erkennen sei, ist ein Gerücht. Doch sie ist eines der „Neuen sieben Weltwunder" und zugleich UNESCO-Weltkulturerbe. Der Baubeginn dieses insgesamt 6400 Kilometer langen ehemaligen Grenzschutzes reicht zurück bis ins fünfte Jahrhundert vor unserer Zeitrechnung, während die neuesten Teile erst im 17. Jahrhundert entstanden. Die Zeitspanne seit Baubeginn erscheint lang, astronomisch gesehen ist sie jedoch nur ein Wimpernschlag. Der Sternenhimmel darüber hat sich seitdem nicht sichtbar verändert.
P. K. Chen

WINTERLICHER SCHWANENSEE ✳ 35

3776 Meter ragt der Gipfel des Fuji empor. Der höchste Berg Japans gilt als einer der drei „Heiligen Berge" des Landes. Wegen der symmetrischen Form seines Vulkankegels zählt er zu den schönsten Bergen der Erde. Das Gewässer ist nicht der nahe liegende Pazifik, sondern der ruhige Yamanaka-See. Den auf seiner Oberfläche im Schlaf versunkenen Schwänen entgeht der grandiose Anblick des Wintersternenhimmels mit den hellen Sternen Sirius (1), dem Sternbild Orion (2) und Aldebaran (3). Als ob sie ahnen würden, dass das Sternbild „Schwan" zum Sommerhimmel gehört.
Shingo Takei

DIE STRASSE ZU JUPITER ✳ 36–37

Auf fast magische Weise lädt das Bild ein, der Straße durch die Ruinen von Ephesus zu folgen, die scheinbar zu einem hellen Gestirn führt. Kein Stern ist hier der Wegweiser, sondern der strahlende Planet Jupiter (1). Das Band der Milchstraße ist durch die Lichtglocke der nahe gelegenen Stadt Selçuk nur schwach zu erkennen, doch der obere Teil des Sternbildes Skorpion (2) mit dem hellen Hauptstern Antares ist am rechten Bildrand identifizierbar. Ephesus, im Altertum eine griechische Großstadt an der Küste, liegt heute mehrere Kilometer landeinwärts auf türkischem Territorium.
Tunç Tezel

JUPITER UND ARISTOTELES ✳ 38

Der griechische Philosoph Aristoteles glaubte, dass der Planet Jupiter (1), auf der linken Seite des Fotos als auffälliges Gestirn sichtbar, einmal am Tag um die ruhende Erde jage. Heute wissen wir es besser: In zwölf Jahren umrundet Jupiter einmal die Sonne und durchquert dabei – wie auf dem Foto – auch die Sternbilder Steinbock und Wassermann unweit der Milchstraße. Das Bild zeigt eine nächtliche Szenerie über den Überresten des Athena-Tempels in Assos, einer antiken Stadt in der heutigen Türkei. Der Tempel wurde um 500 v. Chr. errichtet, rund 200 Jahre bevor Aristoteles in Assos weilte.
Tunç Tezel

LIEGENDE MILCHSTRASSE ✳ 39

Je nach Jahres- und Uhrzeit und abhängig vom Beobachtungsort kommt es vor, dass das Band der Milchstraße parallel zum Horizont verläuft. Auf diesem Foto dominieren die Sternbilder des Sommers: Der hellste Stern am oberen Bildrand ist Wega in der Leier (1). Er bildet zusammen mit Deneb im Schwan (2) und Atair im Adler (3) das einprägsame „Sommerdreieck". Rechts ist der orangefarbene Stern Antares im Skorpion (4) augenfällig. Den Vordergrund bilden die nur spärlich bewachsenen Marandschab-Dünen der Kavir-Wüste im Zentrum Irans.
Babak Tafreshi

FENSTER ZUM ALL * 40 LINKS

Das könnte der Anblick sein, der sich vielleicht eines Tages Astronauten bietet, wenn sie die zerklüftete Oberfläche des Jupitermondes Europa betreten. Bis zu 50 Meter hohe Steilwände aus Fels gestatten nur einen fensterartigen Ausblick zum Sternenhimmel und der Milchstraße. Doch das Foto zeigt eine irdische Landschaft auf der zum Iran gehörenden Insel Qeshm, die in der Antike den Namen Alexandria trug. Mit 1500 Quadratkilometern Fläche ist Qeshm die größte Insel im Persischen Golf. Weite Teile des Eilands sind von schroffen, bizarren Felsformationen bedeckt.
Babak Tafreshi

LEUCHTENDES HIMMELSBAND * 40 RECHTS

Nur weit abseits von störenden Lichtquellen kann in klaren Nächten die Milchstraße so deutlich gesehen und fotografiert werden wie auf dieser Aufnahme. Im Elburs-Gebirge im Iran sind die Bedingungen dazu optimal, doch auch im dicht besiedelten Europa bieten beispielsweise die Höhenlagen der Mittelgebirge und der Alpen zum Teil exzellente Bedingungen. Auf dem Foto dominiert im rechten Teil das Sternbild Skorpion mit seinem rötlichen Hauptstern Antares (1). Der „Stachel" (2) des Skorpions erhebt sich im deutschsprachigen Raum praktisch nicht über den Horizont.
Babak Tafreshi

SIBIRISCHE SOMMERNACHT * 41

Wo Kasachstan, Russland (Sibirien), die Mongolei und China aufeinandertreffen, erstreckt sich das Altai-Hochgebirge, was übersetzt „Gebirge unter dem Mond" bedeutet. Zwar ist der Mond auf dem Bild nicht zu sehen, dafür aber die sommerliche Milchstraße und in Horizontnähe einmal mehr der helle Jupiter (1). Die Bildmitte nimmt das Sternbild Adler (2) ein, zu dessen Füßen eine Aufhellung der Milchstraße zu bemerken ist, die sogenannte Schildwolke (3). Teile dieser „Goldene Berge" genannten Region sind als Lebensraum für Pflanzen und Tiere geschützt.
Babak Tafreshi

VERFINSTERTE SONNENACHT * 42

Für dieses Bild wurde der Stand der Sonne an verschiedenen Tagen im Jahr immer zur gleichen Uhrzeit und immer von der gleichen Position aus fotografisch festgehalten. Aufgrund der elliptischen Form der Erdbahn und der Achsneigung der Erde entsteht im Jahreslauf eine Figur in Form der Zahl 8, ein sogenanntes Analemma. Disziplin und Fleiß sind notwendig, um ein komplettes Analemma abzubilden. Die Besonderheit dieser Aufnahme besteht zusätzlich darin, dass ein Analemmapunkt die Sonne während einer Sonnenfinsternis zeigt (am 29. März 2006 im türkischen Side).
Tunç Tezel

ABENDTANZ DER VENUS * 43

Die gleiche Technik wie bei der Aufnahme eines Sonnenanalemmas wurde hier eingesetzt, um die Stellung eines Planeten über einen längeren Zeitraum darzustellen: Immer vom gleichen Standpunkt aus und immer zur gleichen Uhrzeit wurde für dieses Bild der Planet Venus über dem westlichen Abendhimmel fotografiert. Die Einzelbilder wurden danach kombiniert, um die scheinbare Venusbahn in einem Zeitraum von rund sieben Monaten zu visualisieren, wobei jeweils vier bis elf Tage zwischen den einzelnen Fotos lagen. Die abgebildeten Häuser gehören zur Stadt Bursa in der Türkei.
Tunç Tezel

Europa

BLITZLICHT IN DIE VERGANGENHEIT * 44

Die Stadt Ayutthaya in Thailand war einst Hauptstadt des gleichnamigen Königreichs und dem späteren Siam. Im 18. Jahrhundert galt sie als Metropole Südostasiens, eine Rolle, die sie längst abgeben musste. Doch Spuren der glanzvollen Vergangenheit haben bis heute überdauert und ziehen Touristen in großer Zahl an. Ein Beispiel ist der hier abgebildete „Wat Phra Si Sanphet", eine Tempelanlage, die auf dem Gelände des ehemaligen Königspalastes errichtet wurde. Die Gebäude haben nunmehr 500 Jahre überdauert, so kann ihnen auch ein Gewitterblitz nichts anhaben.
Oshin Zakarian

LIGHTSHOW AM ABENDHIMMEL * 45

Eine erfolgreiche Himmelsbeobachtung verhindern an diesem Abend die Wolken und der Mond rechts im Bild, der hinter einer Wolkenbank hervorlugt. Zudem erhellen die Lichtquellen der Hauptstadt Eriwan den Himmel hinter der Sternwarte von Byurakan in Armenien. Diese Lichterschau macht jedoch den Reiz der Aufnahme aus: Während der Mond Strahlen an den Himmel zaubert, scheinen die orangefarbenen Wolken einen Bogen um die Sternwartenkuppel zu machen. Über der Sternwarte ist der Stern Enif (1) im Sternbild Pegasus und rechts der Planet Jupiter (2) zu erkennen.
Babak Tafreshi

SPIEGELBILD VON MOND UND SONNE * 50

Die ruhige Oberfläche eines Sees in Finnland wirkt wie ein Spiegel, der die Lichtbahnen aufgehender Gestirne verdoppelt. Eine Belichtung über viele Stunden zeigt hier nebeneinander die helle, leicht gekrümmte Spur der Mondsichel links im Bild sowie die rötlich gelbe, fast gerade Spur der aufgehenden Sonne. Eigentlich sollte die Sonne sehr viel heller strahlen als der Mond, der Fotograf benutzte jedoch einen Filter, um das Sonnenlicht abzuschwächen. Dort, wo die Gestirne als exakt gerade Linie aufgehen, befindet sich der Himmelsäquator, der genau im Osten auf den Horizont trifft.
Pekka Parviainen

DREH- UND ANGELPUNKT DES HIMMELS * 51

Eine mehrstündige Belichtung macht die Rotation der Erde sichtbar. Scheinbar kreisen nämlich alle Sterne um die beiden Punkte, die am Ende einer gedachten Verlängerung der Erdachse stehen – die Himmelspole. Sie stehen umso höher am Himmel, je weiter man sich den Erdpolen nähert. Diese Aufnahme entstand in Finnland, vom deutschsprachigen Raum aus gesehen also in nördlicheren Gefilden. Folglich steht der Himmelsnordpol zwar noch nicht im Zenit, aber schon deutlich höher am Himmel als zum Beispiel in Deutschland.
Pekka Parviainen

RAUMSTATION IM ANFLUG * 52

Von Zeit zu Zeit zieht die Internationale Raumstation (ISS) als helles, punktförmiges Objekt innerhalb einiger Minuten über den Himmel. Während eines zentralen Überflugs erreicht sie mühelos die Helligkeit des strahlenden Planeten Venus. Noch etwas heller leuchtet sie, wenn ein Spaceshuttle angedockt ist, was zum Zeitpunkt dieser Aufnahme der Fall war. Mehrere Fotos wurden miteinander kombiniert, was an den Lücken in der Bahnspur zu erkennen ist. Als Vordergrundmotiv dient eine kleine Kapelle nahe der Ortschaft Marko in Ungarn.
Tamas Ladanyi

STERNENNACHT IN DER BRETAGNE * 53

Die Sternbahnen über einem Gewässer in der Bretagne in Frankreich lassen nur schwer erkennen, welche Himmelsregion abgebildet ist. Auffällig ist aber das Wintersternbild Orion mit seinen drei übereinander verlaufenden Strichspuren (1, knapp rechts der Bildmitte) und der Große Hund mit dem hellen Sirius (2, links der Bildmitte). Dort, wo die Sternbahnen gerade verlaufen, befindet sich der Himmelsäquator. Weiter nördlich gelegene Sterne zeigen eine schalenförmig, weiter im Süden liegende eine kuppelförmig gekrümmte Bahn. Die Lichtquelle am Horizont ist eine Straßenlaterne.
Laurent Laveder

DIE SONNE AM TIEFPUNKT * 54

Alle Jahre wieder am 21. oder 22. Dezember ist es soweit: Die Sonne erreicht auf der Nordhalbkugel der Erde ihren tiefsten Bahnpunkt am Himmel, das hat den kürzesten Tag und die längste Nacht des Jahres zur Folge. Dieser Zeitpunkt wird auch Wintersolstitium oder Wintersonnenwende genannt. Die Sonne beschreibt dann einen kurzen, flachen Bogen am Taghimmel, der auf diesem Foto durch die Kombination vieler Einzelaufnahmen festgehalten ist. Aufgenommen wurde das Bild in San Sebastián, im äußersten Norden der iberischen Halbinsel.
Juan Carlos Casado

ASCHGRAUES MONDLICHT * 55

Die kleine Gemeinde Vallentuna in Schweden hat außer einer Natursteinkirche keine besonderen Sehenswürdigkeiten zu bieten. Oder doch? Umgeben von dem Björkby-Kyrkvikens-Naturreservat bieten sich landschaftlich außerordentlich reizvolle Motive. Insbesondere die großen Wasserflächen sind wie geschaffen, um die zarten Himmelsfarben nach Sonnenuntergang und die Sichel des Mondes zu vervielfältigen. Das aschgraue Licht des Mondes, also die fahle Beleuchtung der „dunklen" Mondseite durch die Erde, ist auf dem Foto besonders gut zu sehen.
Per-Magnus Hedén

MONDSICHEL ÜBER ISTANBUL * 56–57

Nur 22 Stunden nach Neumond entstand dieses Foto, auf dem die schmale Mondsichel in der Abenddämmerung über Istanbul leuchtet. Die Metropole liegt an der Meerenge des Bosporus, sie ist die bevölkerungsreichste Stadt der Türkei. Der historische Kern befindet sich auf europäischem Boden und gehört in Teilen zum UNESCO-Weltkulturerbe. Dazu zählt etwa der Topkapi-Palast direkt unterhalb des Mondes, der mehrere Jahrhunderte lang Sitz der Sultane des Osmanischen Reichs war, sowie das Hagia-Sophia-Museum links des Palastes und die „Blaue Moschee" ganz links.
Tunç Tezel

ROTE SONNENGLUT * 58 LINKS

Als feuerroter Ball verschwindet die Sonne hinter dem Oropos-Milesi-Kloster in Griechenland, nördlich von Athen. Nur wenige Kilometer entfernt liegt die Stadt Oropos, deren historische Wurzeln bis in die Blütezeit der griechischen Antike zurückreichen. Selten wird das gleißende Sonnenlicht durch die Erdatmosphäre so stark gedämpft, dass man es ohne Schutzfilter beobachten kann. Die blauen Anteile des Sonnenlichts werden dabei durch Luftmoleküle und schwebende Partikel in der Atmosphäre diffus gestreut, so dass vorwiegend rotes Licht zum Beobachter vordringt.
Anthony Ayiomamitis

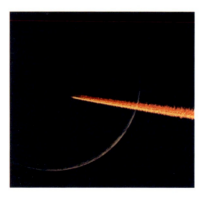

FLUGTICKET ZUM MOND * 58 RECHTS

34 Stunden und 18 Minuten nach Neumond wurde dieses Foto aufgenommen. Die hauchdünne Mondsichel hält sich stets nahe bei der Sonne auf und ist allenfalls in der zeitigen Abenddämmerung zu sehen. Am besten gelingt das im Frühjahr, wenn die Sonnenbahn steil zum Westhorizont verläuft. Der Fotograf hatte bei diesem Foto Glück: Einerseits war es bereits dunkel genug, um den Mond zu sehen, andererseits stand die Sonne noch nicht zu tief unter dem Horizont – sonst hätten ihre Lichtstrahlen den Kondensstreifen des Flugzeugs nicht mehr erreicht.
Stefan Seip

STELLDICHEIN AM MORGENHIMMEL * 59 LINKS

Drei Planeten und die abnehmende Mondsichel am Morgenhimmel, da lohnt das frühe Aufstehen. Noch im rötlichen Horizontdunst steckend, ist der sonnennahe und daher schwierig zu beobachtende Planet Merkur (1) auszumachen. Über den Baumwipfeln strahlt die Venus (2) in konkurrenzlosem Glanz. Noch weiter oben leuchtet Saturn (3). Kräftige Herbststürme sorgten dafür, dass am Aufnahmetag Mitte Oktober schon fast keine Blätter mehr an den Bäumen hingen. Das Bild entstand nicht weit entfernt vom Nördlinger Ries (Deutschland), einem 24 Kilometer großen Meteoritenkrater.
Stefan Seip

EINGERAHMTER VOLLMOND * 59 RECHTS

Der Humor kommt bei dieser Aufnahme nicht zu kurz, wenn der Erdtrabant im Bilderrahmen eine gute Figur abgibt. Die technische Umsetzung einer solchen brillanten Bildidee ohne Fotomontage ist nicht trivial. Einerseits ist eine lange Objektivbrennweite vonnöten, um den Mond groß genug abzubilden. Andererseits muss die Schärfentiefe ausreichen, um sowohl den fernen Mond als auch das Vordergrundmotiv scharf abzubilden. Die Steigerung der Schärfentiefe wird durch eine Verkleinerung der Blendenöffnung erreicht, die aber zu extrem langen Belichtungszeiten führt.
Laurent Laveder

ABENDSONNE IM HOHEN NORDEN * 60

An jedem Ort der Erde verändert sich der Tagbogen der Sonne am Himmel im Jahreslauf und demzufolge auch der Winkel, den die auf- oder untergehende Sonne mit der Horizontlinie bildet. Vor allem aber ändert er sich mit der geografischen Breite: Im Winter und in der Nähe der Pole ist der Winkel flacher, im Sommer und in Äquatornähe steiler. Dieses Foto entstand in Finnland auf dem 60. Breitengrad, daher nähert sich die untergehende Sonne dem Horizont fast asymptotisch. Mehrere Einzelbelichtungen zeigen dies sehr deutlich.
Pekka Parviainen

WOLFSMOND * 61

Im Angelsächsischen hat jeder Vollmond eines Monats einen besonderen Namen. Auf dem Foto zu sehen ist der Vollmond des Monats Januar. Er wird „Wolfsmond" genannt und mitunter auch als „Alter Mond" bezeichnet. Der Name Wolfsmond geht wohl zurück auf die Ureinwohner Amerikas, die zu dieser Jahreszeit das Heulen hungriger Wolfsrudel hörten. Das Foto stammt jedoch aus Ungarn, genauer gesagt aus den Wäldern des Bakony-Gebirges im Zentrum des Landes.
Tamas Ladanyi

HINKELSTEINE UNTER STERNEN * 62–63

„Menhire" werden diese historischen Monumente aus aufgerichteten Steinen genannt, im Volksmund heißen sie zuweilen Hinkelsteine. Mehr als 3000 davon gibt es bei Carnac, einer Gemeinde in der Bretagne in Frankreich. Schon tagsüber weht einem der Hauch vergangener Jahrhunderte ins Gesicht, denn die Menhire sind steinalt: Sie wurden von Menschen vor 4000 bis 6500 Jahren an diesem Platz im Rahmen ihres Totenkultes errichtet. Unter dem Sternenhimmel, beim fahlen Licht des Mondes, intensiviert sich der tiefe Eindruck noch, den dieser Ort hinterlässt.
Laurent Laveder

WINTERNACHT AM MATTERHORN * 64

Das Matterhorn in den schweizerisch-italienischen Alpen ist mit 4477 Metern Höhe eine der höchsten Erhebungen dieses Gebirges. Dank seiner markanten Gestalt ist der Berg einer der bekanntesten überhaupt. Der winterliche Sternenhimmel über ihm kann sofort am Sternhaufen der Plejaden (1) ganz rechts identifiziert werden. Über dem Gipfel stehen Sterne des Orion (2), links des Bergmassivs der Stern Sirius (3) im Großen Hund. Weit oben ist der Sternhaufen Praesepe (4) im Sternbild Krebs angesiedelt. Die Bergspitze wird vom spärlichen Licht des Mondes angeleuchtet.
Bernd Pröschold

HIMMLISCHER CHRIST-BAUMSCHMUCK * 65

Eine kalte, verschneite Weihnachtsnacht in Schweden, das klingt romantisch. Tatsächlich entstand dieses Foto an Heiligabend, als es aufklarte und das winterliche, reich mit hellen Sternen bedachte Himmelszelt einen Weihnachtsschmuck der ganz besonderen Art bot. Direkt über dem Tor steht das Sternbild des Himmelsjägers Orion (1) mit Beteigeuze, dem orangeroten, linken Schulterstern und weiter unten dem bläulich leuchtenden rechten Fußstern Rigel. Ganz rechts oben ist der Sternhaufen der Plejaden (2) zu sehen, genau dazwischen der rötliche Stern Aldebaran (3) im Stier.
Per-Magnus Hedén

STEINERNE HIMMELS-BEOBACHTER * 66–67

Die Frage, ob es außerhalb der Erde Leben oder gar intelligentes Leben im Universum gibt, beschäftigt viele Gemüter. Mit wissenschaftlicher Genauigkeit kann diese Frage nicht beantwortet werden, nicht einmal Wahrscheinlichkeiten lassen sich errechnen. Das kleine Volk außerirdisch anmutender Besucher auf dem Foto zumindest ist aus Steinen gebaut. Dennoch hat es den Anschein, als würden die Gestalten zusehen, wie das Band der sommerlichen Milchstraße im Atlantik an der bretonischen Küste in Frankreich versinkt.
Laurent Laveder

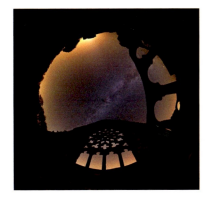

TUNNELBLICK NACH OBEN * 68

Von dieser Kapelle bei der französischen Ortschaft Languidou in der Bretagne ist nur noch eine Ruine übrig. Bedenkt man ihr Alter – sie wurde im 12. Jahrhundert errichtet – ist das keine Schande. Die zu sehende Fensterrose aus Stein stammt aus dem Wiederaufbau im 16. Jahrhundert. Ein Fischaugen-Objektiv mit „Rundumsicht" erfasste nicht nur die Ruine, sondern auch den nächtlichen Himmel über ihr. Eindrucksvoll spannt sich das Band der Sommermilchstraße exakt durch die Bildmitte.
Laurent Laveder

SATELLITENBLITZ AM HIMMEL * 69

Beim abendlichen Familienausflug an den Fluss Dalälven in Schweden blitzt direkt über dem untergehenden Mond für einige Sekunden ein Objekt auf: Es erscheint, wird immer heller, dann wieder dunkler, bis es komplett verschwindet. Die Beobachter sind Zeugen eines „Iridium-Blitzes" geworden. Er wird hervorgerufen durch die Reflexion des Sonnenlichts an den Antennen eines der vielen die Erde umkreisenden Iridium-Satelliten für die Übertragung von Telefongesprächen. Das Ereignis fand innerhalb des Sommerdreiecks (1) statt, links unten steht der helle Planet Jupiter (2).
Per-Magnus Hedén

DIE FARBEN DES NORDENS *70

Aufgrund der geografischen Lage des Landes hoch im Norden Europas kommt es auch in Norwegen immer wieder zu eindrucksvollen Polarlichterscheinungen. Wie farbige Vorhänge tauchen sie am Nachthimmel auf, wobei die Farben Grün und Rot dominieren. Die Gewässeroberflächen der urtümlichen Halbinsel Fosen in der Region Trøndelag spiegeln das farbige Himmelsgeschehen wider. Typische Landschaften in Trøndelag an der Westküste Norwegens sind bewaldete Täler, Seen, Felsküsten und Ebenen sowie Berge, die eine Höhe bis 700 Meter erreichen.
Bernd Pröschold

SCHWARZE SONNE ÜBER DEM KAUKASUS * 71

Über den Bergen des Kaukasus wird die Sonne vom Mond verfinstert. Um den Mond herum leuchtet während der Totalität die strahlenförmige Korona auf, die äußerste Sonnenatmosphäre. Die Aufnahme entstand durch die Kombination von sieben unterschiedlich lang belichteten Einzelfotos. Das Bild zeigt im Hintergrund den 5642 Meter hohen Berg Elbrus, den höchsten Berg Russlands. Ob er auch der höchste Berg Europas ist und damit den Mont Blanc schlägt, hängt davon ab, wo man die Grenze zwischen Europa und Asien zieht.
*Aleksandr Yuferev/M. Lisakov/
E. Kazakov*

BLITZ, DONNER UND DIE PLEJADEN * 72 LINKS

Den Naturgewalten ist der Mensch weitgehend machtlos ausgeliefert, diesen Eindruck zumindest vermittelt das Foto. Die elektrische Spannung zwischen Erdboden und Wolke entlädt sich in einem kurzzeitigen, aber gewaltigen Lichtbogen, den wir als Gewitterblitz kennen. Die Häuser im Vordergrund dieser finnischen Landschaft wirken dagegen winzig und hilflos. Der normalerweise gut zu erkennende Sternhaufen der Plejaden (1) geht angesichts des gleißend hellen Blitzlichts fast unter.
Pekka Parviainen

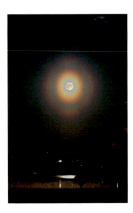    

KIEFERN-KORONA UM DEN MOND * 72 RECHTS

Fast jeder hat schon einmal um Sonne oder Mond eine Aufhellung gesehen, die man landläufig als „Hof" bezeichnet. Meistens beugen Wassertröpfchen in dünnen Wolken oder Dunst das Licht entsprechend. Doch es können auch Blütenpollen sein, dann sieht man eine „Pollen-Korona". Die mikroskopisch kleinen Pollen, die massenweise durch die Luft fliegen, sind nicht kugelförmig und erzeugen daher auch keine kreisrunden Koronen. Auf diesem in Schweden aufgenommenen Foto ist eine „Kiefern-Korona" zu sehen, typisch ist die leicht ovale Form und die vier Aufhellungen.
Per-Magnus Hedén

LICHTSPEKTAKEL AURORA * 73 LINKS

Ein Polarlicht stellt jedes irdische Feuerwerk in den Schatten. Es ist natürlichen Ursprungs und entsteht, wenn von der Sonne abgestrahlte Partikel, vorwiegend Elektronen und Protonen auf die oberen Schichten der Erdatmosphäre, oberhalb von 80 Kilometern treffen. Dort regen sie die vorhandenen Luftmoleküle zum Leuchten an. Die elektrisch geladenen Teilchen werden durch das Erdmagnetfeld zu den Polen gelenkt, so dass Polarlichter meist in polnahen Regionen wie hier in Finnland auftreten. Auf der Südhalbkugel gibt es die Erscheinung auch, dort heißt sie Südlicht.
Pekka Parviainen

SCHWEIFSTERN ÜBER STONEHENGE * 73 RECHTS

Auch wenn die einstige Bedeutung der Anlage von Stonehenge nahe der britischen Stadt Salisbury noch immer einige Rätsel aufgibt, steht völlig außer Zweifel, dass bei ihrer Errichtung und Nutzung astronomische Aspekte eine große Rolle spielten. Mit dem Bau begonnen wurde bereits in der Jungsteinzeit vor mehr als 5000 Jahren. Auf dem Foto außerdem zu sehen ist einer der spektakulärsten Kometen des 20. Jahrhunderts: Hale-Bopp, der 1997 alle Blicke auf sich zog. Erst im Jahr 4535 wird er wiederkehren und hoffentlich das UNESCO-Weltkulturerbe Stonehenge in unveränderter Form vorfinden.
John Goldsmith

LICHTRING UM DEN MOND * 74

Dieses Fischaugen-Foto zeigt einen Ring um den Mond, der kein Lichtreflex im Objektiv ist, sondern eine sogenannte „Halo-Erscheinung". Halos können um den Mond und die Sonne auftreten, wenn der Himmel mit einer dünnen Wolkenschicht bedeckt ist. Bestehen diese Wolken aus unzähligen, winzig kleinen Eiskristallen mit hexagonalem Querschnitt, kann durch Lichtreflexion und -brechung ein Lichtring mit 44 Grad Durchmesser entstehen. Der Ring ist nach innen scharf begrenzt und von rötlicher Farbe, während er nach außen weißlich verwaschen ausläuft.
Laurent Laveder

KOMET ÜBER DEN WOLKEN * 75

Früher galten Kometen als Unglücksbringer und wurden als „Zuchtruten des Himmels" bezeichnet. Heute sind sie gern gesehene und fotografierte Himmelsattraktionen. Kometen dürfen nicht mit Sternschnuppen verwechselt werden, die kurzfristige Leuchterscheinungen in der Erdatmosphäre sind. Ein Komet kann wochen- oder monatelang am Himmel beobachtet werden, wobei seine Helligkeit und Schweifausbildung zuweilen schwer vorhersagbar ist. Der Komet McNaught auf dem Foto überraschte damit, dass er alle Prognosen bei Weitem übertraf.
Juan Carlos Casado

Afrika

STERNSPUREN AM ÄQUATOR * 80–81

Befindet man sich in der Nähe des Äquators, so wie der Fotograf dieser Aufnahme in Kenia, beschreiben die Sterne am Himmel für uns ganz ungewohnte Bahnen. Beide Drehpunkte des Himmels, der Himmelsnord- und -südpol, sind an gegenüberliegenden Punkten am Horizont angeordnet. Im Osten steigen die Sterne senkrecht nach oben, im Westen sinken sie senkrecht nach unten. Das Foto wurde mit einem Fischaugen-Objektiv gemacht und umfasst einen Bildwinkel von 180 Grad, so dass nach dreistündiger Belichtungszeit die Verhältnisse sichtbar werden.
LeRoy Zimmerman

SAHARA-SMOG * 82

Die Gebirgsregionen auf La Palma sind ideal für astronomische Beobachtungen. Das Foto zeigt jedoch eine seltene Ausnahme: Wüstensand aus der Sahara wurde durch Winde bis nach La Palma verfrachtet. Er reflektiert zum einen das Licht der Küstenstädte und wirkt zum anderen der nächtlichen Abkühlung entgegen, die normalerweise zu Wolkenbildung in den Tieflagen führt, wodurch das Streulicht der Städte in den Hochlagen wirkungsvoll abgeschirmt wird (vgl. S. 96). La Palma ist eine der Kanarischen Inseln und gehört politisch zu Spanien.
David Malin

STERNSTUNDEN FÜR ASTRONOMEN * 83

La Palma ist die nordwestlichste der sieben großen Kanarischen Inseln. Wegen ihrer klimatisch sehr guten Bedingungen für astronomische Beobachtungen wurde auf ihrer höchsten Erhebung, dem „Roque de los Muchachos" mit 2426 Metern, eine internationale Sternwarte mit zahlreichen Teleskopen errichtet, darunter das größte Spiegelteleskop der Welt. Um den Astronomen optimale Arbeit zu ermöglichen, ist sogar Leuchtreklame auf La Palma verboten und Lampen im Freien dürfen nur nach unten strahlen. Auch für Hobby-Astronomen ist La Palma ein beliebtes Reiseziel.
Bernd Pröschold

DIE MONDSICHEL IM VISIER * 84

Diese gut erhaltene Statue des altägyptischen Pharaos Ramses II. steht im legendären Luxor-Tempel in Ägypten. Erbaut wurde die Anlage zwischen 1390 und 1352 vor unserer Zeitrechnung. Geweiht war sie dem Gott Amun, dessen Gattin Mut und dem Sohn der beiden, dem Mondgott Chons. Daran erinnert die Sichel des zunehmenden Mondes, die sich aufgrund der südlichen geografischen Lage des Landes in Kahnlage, also „auf dem Rücken liegend" präsentiert. Die gut erhaltene Tempelanlage ist Bestandteil des UNESCO-Welterbes.
Dennis Mammana

GALERIE DER BILDER ✶ 199

RENDEZVOUS VON MOND UND VENUS ✶ 85

Die Abenddämmerung zaubert eine liebliche Lichtstimmung an den Herbsthimmel über der Emir-Abd-El-Kader-Moschee in der algerischen Stadt Constantine. Trotz leichter Bewölkung können der Mond und die Venus Akzente setzen und die orientalische Wirkung des Bildes verstärken. Constantine ist die drittgrößte Stadt des Landes und das abgebildete Gotteshaus zählt zu den größten seiner Art auf dem ganzen afrikanischen Kontinent.
Babak Tafreshi

DER STERN VON GIZEH ✶ 86

Der helle Komet Hale-Bopp war die astronomische Sensation des Jahres 1997. Nach 4200 Jahren kam dieser kosmische Vagabund wieder einmal in die Nähe der Sonne und wurde zum Superstar am Himmel. Die Pyramiden von Gizeh in Ägypten wurden zwischen 2620 und 2500 vor unserer Zeitrechnung errichtet. Schon als Hale-Bopp der Sonne seinen vorhergehenden Besuch abstattete, existierten sie also bereits! Das hellste Objekt auf dem Foto ist der Mond, rechts daneben sieht man den Plejaden-Sternhaufen (1). Hale-Bopp hält sich im Sternbild Perseus (2) auf.
John Goldsmith

MONDAUFGANG ÜBER ALGIER ✶ 87

Durch eine Mehrfachbelichtung ist auf diesem Foto dokumentiert worden, wie sich der Vollmond über den Horizont erhebt. Zwischen den einzelnen Belichtungen liegen etwa zweieinhalb Minuten Zeitdifferenz, denn der Vollmond legt in zwei Minuten am Himmel eine Strecke zurück, die seinem eigenen Durchmesser entspricht. Deutlich sieht man, wie das Mondlicht am Horizont aufgrund des längeren Weges durch die Erdatmosphäre rot gefärbt wird – größer ist er jedoch nicht, wie es dem Auge oft erscheint (vgl. S. 112).
Babak Tafreshi

SOMMERSTERNE AM WÜSTENHIMMEL ✶ 88–89

Vielfach kennt man die Sahara-Wüste nur als Sandwüste mit charakteristischen Dünen. Doch diese grandiose Naturlandschaft hat auch anderes zu bieten, etwa große Formationen aus Sandstein. Darüber spannt sich im Bild die Sommermilchstraße vom Schwan (1) am linken Bildrand, über den Adler (2) in der Mitte bis zum Schützen (3) und Skorpion (4) auf der rechten Seite. Von Wolken stark geschwächt findet sich in der Mitte, dicht über dem Horizont, der Planet Jupiter (5). Das Bild wurde bei Mondschein im Tassili-Nationalpark Algeriens aufgenommen.
Babak Tafreshi

EINE NACHT IN DER WÜSTE ✶ 90

Der Tassili-Nationalpark im Südosten Algeriens ist vor allem bekannt für seine prähistorischen Felsmalereien, die zum UNESCO-Weltkulturerbe zählen. In diesem zentralen Teil der Sahara leben noch heute Menschen der Tuareg-Konföderation in traditioneller Weise. Wie eh und je nächtigen sie unter freiem Himmel, hier unter den Sternbildern des Frühsommers. Daher ist es kaum verwunderlich, dass viele der Sternnamen, die noch immer in Gebrauch sind, ihren Ursprung in Arabien haben, als dort die Naturwissenschaften blühten. Eine davon war die Astrognosie, die Sternkenntnis.
Babak Tafreshi

WOLKEN ÜBER SÜDAFRIKA ✶ 91

Richtig und auch wieder falsch. Zumindest sind die beiden keine irdischen Wolken, sondern Zwerggalaxien, die unsere Milchstraße begleiten und vor allem den Sternenhimmel südlich des Äquators bereichern. Sie werden „Magellansche Wolken" genannt. Die linke ist die Große, die rechte die Kleine Magellansche Wolke. Selbst für das bloße Auge sind sie auffällig, obwohl ihre Entfernung mit rund 200 000 Lichtjahren im Vergleich zu den Sternen sehr groß ist. Den Vordergrund bildet ein Köcherbaum, ein in Südafrika und Namibia beheimatetes Gewächs.
Juan Carlos Casado

STANDORTVORTEIL TENERIFFA ✶ 92

Auch auf Teneriffa steht eine große Sternwarte für professionelle Astronomen. Daniel Lopez ist an der Sternwarte beruflich tätig und nutzt seinen Standortvorteil, indem er selber ein eigenes, kleines Observatorium auf der Kanarischen Insel betreibt. Im Hintergrund ist der mächtige Vulkan „Pico del Teide" zu sehen, über allem prangt der sternreiche Winterhimmel. Direkt oberhalb des Teleskops steht das Sternbild Orion (1), das von rötlich leuchtenden Wasserstoffnebeln umgeben ist. Die auffällige halbkreisförmige Struktur heißt „Barnard's Loop" (2).
Juan Carlos Casado

DIE SPITZE DES VULKANS ✶ 93

Mondlicht trifft auf das mächtige Massiv des „Pico del Teide", dem 3718 Meter hohen Vulkankegel auf der spanischen Insel Teneriffa, der zum UNESCO-Weltnaturerbe zählt. Gerechnet ist diese Angabe ab der Meereshöhe. Vom Boden des Atlantiks aus gesehen sind es gar 7,5 Kilometer bis zu seinem Gipfel. Professionelle Astronomen haben hier eine Sternwarte erbaut, das „Observatorio del Teide". Die hervorragende Qualität des Himmels beweist diese Aufnahme, die trotz einer kurzen Belichtungszeit von nur fünf Sekunden und „störendem" Mondlicht bereits viele Sterne zeigt.
Juan Carlos Casado

STERNE UND STAUB ✶ 94

So präsentiert sich die Milchstraße auf dem 2426 Meter hohen „Roque de los Muchachos" auf La Palma. Während ihre hellen Teile durch unzählige Sterne leuchten, löschen eingestreute Staubmassen das Licht dahinterliegender Sterne aus und erscheinen als dunkle Strukturen. Links im Bild strahlt der helle Planet Jupiter (1). Das Foto wurde aus acht Weitwinkelaufnahmen mit jeweils drei Minuten Belichtungszeit zusammengesetzt. Damit der Vordergrund durch die Nachführung des Teleskops nicht verwischt erscheint, fertigte der Fotograf zudem eine Aufnahme von einem festen Stativ aus an.
Nik Szymanek

DIE MILCHSTRASSE STEHT KOPF ✶ 95

Warum ist der Sternenhimmel in manchen Ländern schöner als in anderen? Auf diese Frage gibt es viele mögliche Antworten. Ein immer wieder gefundener Zusammenhang besteht zwischen der Bevölkerungsdichte eines Landes und der damit verbundenen nächtlichen Lichtemission. In der Republik Botsuana leben im Schnitt 2,8 Menschen auf einem Quadratkilometer, in Deutschland sind es 229! Während der Belichtungszeit dieser Aufnahme wurde der stockfinstere Vordergrund mit Taschenlampen „angemalt", um das Bild noch spannender zu machen.
Juan Carlos Casado

ÜBER DEN WOLKEN * 96

Vielleicht nicht die Freiheit, zumindest aber der Blick in die Sterne scheint auf dem „Roque de los Muchachos" grenzenlos zu sein, der höchsten Erhebung der spanischen Insel La Palma. Nicht nur, dass die Luft dort besonders transparent und stabil ist. Das Bild zeigt, dass die übliche nächtliche Wolkenbildung in den Tieflagen das Streulicht der darunterliegenden Städte tatsächlich effektiv abschirmt. Rechts oben im Bild ist das Sternbild Kassiopeia (1), weiter unten die beiden Sternhaufen (2) im Perseus (3) zu sehen. Dazwischen spannt sich das Band der wenig auffallenden Herbstmilchstraße.
Serge Brunier

EINE NACHT IM ZEITRAFFER * 97

La Palma ist wie alle Kanarischen Inseln vulkanischen Ursprungs. Der Norden der Insel wird dominiert von einem riesigen Krater mit rund zehn Kilometer Durchmesser, der „Caldera de Taburiente". Seinen Rand umgibt ein Ring aus Gipfeln von 1700 bis 2400 Meter Höhe, darunter der „Roque de los Muchachos". Aus zahlreichen Einzelaufnahmen dieser Art hat der Fotograf einen Zeitrafferfilm einer ganzen Nacht zusammengesetzt, der eindrucksvoll die Bewegung der Sterne und der Milchstraße über dem wogenden Wolkenmeer unterhalb der Berggipfel zeigt.
Bernd Pröschold

GEGENDÄMMERUNGSSTRAHLEN * 98–99

Auf dem Weg zum Gipfel des „Pico del Teide", dem höchsten Berg Teneriffas, bemerkte der Fotograf diese Strahlenbildung am Himmel. Dämmerungsstrahlen treten auf, wenn die Sonne am Horizont oder knapp darunter steht, und Wolkenformationen lange Schatten erzeugen. Diese Schattenwürfe verlaufen in Wirklichkeit parallel, doch aufgrund eines perspektivischen Effekts scheinen sie auf die Sonne zuzulaufen. Diese Aufnahme zeigt jedoch keine Dämmerungsstrahlen, sondern selten in dieser Deutlichkeit auftretende Gegendämmerungsstrahlen, die genau gegenüber der Sonne zusammenlaufen.
Juan Carlos Casado

SONNENFINSTERNISJÄGER * 100

Manchem ist keine Reise zu weit, um Zeuge einer totalen Sonnenfinsternis zu werden. In der Tat birgt ein solches Erlebnis einen gewissen Suchtfaktor: Mitten am Tag wird es dunkel, und die „schwarze Sonne" ist von einem leuchtenden Ring, der Korona, umgeben. Vögel stellen ihr Gezwitscher ein, Blüten schließen sich und – die Kameraverschlüsse klicken. Zur Beobachtung dieser Finsternis am 21. Juni 2001 zog es die Sonnenfinsternisjäger in den Kafue-Nationalpark, ein Naturschutzgebiet in Sambia. Links unterhalb der verfinsterten Sonne ist der Planet Jupiter zu erkennen.
Gernot Meiser/Pascale Demy

SONNENFINSTERNIS ÜBER SAMBIA * 101

Auch dieser Fotograf dokumentierte die Finsternis im Juni 2001 von Sambia aus. Für seine Aufnahmereihe setzte er zwei Kameras ein: Die eine zeichnete, geschützt durch einen Sonnenfilter, in Fünf-Minuten-Abständen die partielle Phase auf, während die andere ohne Filter die total verfinsterte Sonne über einem Akazienbaum aufnahm. Die äußere Atmosphäre der Sonne, die Korona, tritt während der Totalität in Erscheinung, und die Landschaft wird mitten am Tag in ein rötliches Dämmerlicht gehüllt. Wieder ist der Planet Jupiter zu diesem Zeitpunkt links unterhalb der Sonne sichtbar.
Fred Espenak

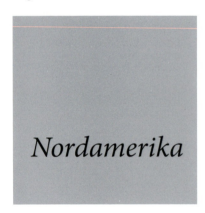

Nordamerika

HIMMELSGRÜN ÜBER INDIANERZELTEN * 106

Ein Polarlicht sorgt auf diesem Bild für einen fast unnatürlich grün wirkenden Himmel. Doch es ist keine Ausnahme, dass in nördlichen Breiten ein Nordlicht eine solch kräftige Farbe erzeugt. Mehrere Einzelaufnahmen wurden addiert, um gleichzeitig die Bahnen der Sterne darzustellen. Am Ufer stehen Indianerzelte, sogenannte Tipis. Doch darin leben nicht etwa die Ureinwohner der Region, sondern Touristen. Nahe der kanadischen Stadt Yellowknife gibt es für Besucher diese Möglichkeit, die traditionelle Wohnform der Ureinwohner zu erleben.
Yuichi Takasaka

EINE NACHT IM YOSEMITE-PARK * 107

Die Granitklötze des Yosemite-Nationalparks in Kalifornien erlangten durch Schwarzweißbilder des Fotografen Ansel Adams eine legendäre Berühmtheit. Schon 1864 wurde der Park als Naturschutzgebiet ausgewiesen und 120 Jahre später zum UNESCO-Weltnaturerbe erklärt. Das Foto zeigt den Berg „Half Dome", dem eine Berghälfte zu fehlen scheint. Sein Gipfel liegt 1400 Meter über dem Tal und 2693 Meter über Meeresniveau. Von der Aussichtsplattform „Glacier Point" wurde mehrere Stunden lang belichtet, um die hinter dem Bergmassiv aufgehenden Sterne abzubilden.
Stefan Seip

BRÜCKEN DER NATUR * 108

Mehr als 2000 Sandsteinbrücken und -bögen gibt es im geologischen Wunderland des Arches-Nationalpark zu bestaunen. In einer mondlosen Nacht wird dieser Bogen nur silhouettenhaft abgebildet, durch eine Langzeitbelichtung werden die Spuren von Sternen sichtbar. Ein Stück oberhalb des Bogens sind die Striche Geraden, dort ist der Himmelsäquator angesiedelt. Darüber und darunter sind sie in unterschiedliche Richtungen gekrümmt. Tatsächlich verläuft der Himmelsäquator durch die abgebildeten drei Gürtelsterne des Orion (1). Im oberen Bildteil kreuzt eine Sternschnuppe (2) die Strichspuren.
Fred Espenak

TAGHELLE NACHT * 109

Sterne am Tag, kann das sein? Nur die Fotografie lässt diese Landschaft so hell erscheinen, weil der Schein des September-Vollmondes, im angelsächsischen „Harvest Moon" genannt, die Landschaft anstrahlt. Die lange Belichtungszeit der Kamera summiert die Resthelligkeit auf, so dass Farben und Formen deutlich zutage treten. Mit dem bloßen Auge wären die Berge nur schemenhaft und ohne Farbeindruck zu erkennen. Das Foto, das auch einen Iridium-Blitz (1) zeigt (vgl. S. 69), wurde im Jasper-Nationalpark, dem größten kanadischen Nationalpark in den Rocky Mountains aufgenommen.
Yuichi Takasaka

MOND UND STERNE IN LAS VEGAS * 110–111

Die Stadt Las Vegas in Nevada ist nicht gerade für ihren schönen Sternenhimmel berühmt. Ganz im Gegenteil: Hier wird nicht gegeizt mit leuchtkräftiger Illuminierung, um die Aufmerksamkeit der nächtlichen Besucher buhlend. Es ist daher schwer, überhaupt Sterne in dieser Stadt zu sehen. Ein Trick des Fotografen ermöglichte aber zu zeigen, was das Auge nicht wahrnehmen kann. Drei völlig unterschiedlich lang belichtete Einzelbilder wurden so miteinander kombiniert, dass auch lichtschwache Objekte zu sehen sind, ohne dass die hell angestrahlten Fassaden der Überbelichtung zum Opfer fallen.
LeRoy Zimmerman

RIESENMOND ÜBER KAKTEEN * 112

Dass der Mond am Horizont besonders groß erscheint, ist auf eine Sinnestäuschung zurückzuführen. Durch Fotos lässt sich belegen, dass der Mond am Himmel immer die gleiche Größe hat (vgl. S. 87). Die imposanten Pflanzen, hinter denen der Vollmond hier aufgeht, sind geschützte Saguaro-Kakteen im gleichnamigen Nationalpark Arizonas der Vereinigten Staaten. Ein einzelner Kaktus kann 15 Meter hoch werden und acht Tonnen wiegen. Nach frühestens 65 Jahren bilden sich unterschiedliche Seitentriebe aus, so dass jeder Kaktus so etwas wie eine eigene „Persönlichkeit" entwickelt.
Stefan Seip

NÄCHTLICHES SCHATTENSPIEL * 113

Wolkenlose Nächte sind üblicherweise kälter als solche mit einer Wolkendecke, weil die im Erdboden gespeicherte Wärme ungehindert in das Weltall abstrahlen kann. Ganz besonders im Winter heißt es dann, sich warm anzuziehen. Die Belohnung dafür sind mitunter sehr reizvolle Eindrücke, etwa ein solcher Baum, der im Gegenlicht des Mondes seinen langen Schatten auf die Schneeoberfläche projiziert. Die Strahlen um den Mond kommen durch die Objektivblende zustande. Aufnahmeort war New England im Nordosten der Vereinigten Staaten.
Dennis di Cicco

WESTERNKULISSE MIT MOND * 114–115

Keine Kulisse kann besser für einen Westernfilm geeignet sein als das berühmte Monument Valley im Grenzgebiet von Arizona und Utah in den USA. Zeigt sich dann noch der Vollmond am Horizont, wird dem Wildwest-Klischee vollends gehuldigt. Tatsächlich haben wir es hier mit einer Landschaft von außerordentlicher Schönheit und Einzigartigkeit zu tun. Entstanden sind die sichtbaren „Türme" dadurch, dass ihr hartes Gestein der Erosion getrotzt hat, während weicheres Material dazwischen im Laufe der letzten 50 Millionen Jahre abgetragen wurde.
Juan Carlos Casado

STERNENNACHT IM WILDEN WESTEN * 116

Noch einmal sind die steinernen Türme von Monument Valley zu sehen, die bis zu 300 Meter hoch die umliegende Hochebene überragen. Die Landschaft gehört zu einem vom Stamm der Navajo-Indianer verwalteten Distrikt, daher ist sie kein staatliches Schutzgebiet der USA. Zwischen den Felsformationen ist hier das Wintersternbild Orion (1) mit seinen drei Gürtelsternen über den Horizont emporgestiegen. Besonders hell leuchten seine Hauptsterne, die rötliche Beteigeuze und der bläuliche Rigel. Überstrahlt werden sie nur vom Planeten Mars (2), dem Glanzpunkt des Fotos.
Wally Pacholka

NACHTS IM GRAND CANYON * 117

Bis zu 1800 Meter tief hat sich der Colorado-Fluss innerhalb von Jahrmillionen in das umliegende Plateau gegraben. Der dadurch entstandene Canyon ist ohne Beispiel: 446 Kilometer lang und zwischen sechs und 29 Kilometer breit. 1979 ernannte die UNESCO die Landschaft zum Weltnaturerbe. Der Blick nach oben eröffnet aber noch ganz andere Dimensionen. Die Entfernung zu den Sternen beträgt zig, Hunderte und Tausende von Lichtjahren. Links auf dem Bild ist das Sternbild Kassiopeia (1) zu sehen. Seine hellsten Sterne sind zwischen 50 und 600 Lichtjahre entfernt.
Wally Pacholka

DER PRÄSIDENTENWAGEN * 118

Einem Präsidenten der Vereinigten Staaten von Amerika steht ein großer Wagen zu. Was wie eine Binsenweisheit klingt, ist im Zusammenhang mit dem Foto als Sinnbild zu verstehen. In die Steinwände des Mount Rushmore in South Dakota wurden als Symbol der Unabhängigkeit der USA in den Jahren zwischen 1927 und 1941 die Porträts der vier amerikanischen Präsidenten George Washington, Thomas Jefferson, Theodore Roosevelt und Abraham Lincoln gehauen und gesprengt. Jedes Porträt ist über 18 Meter hoch. Darüber prangen die bekannten Sterne des Großen Wagens am Himmel.
Wally Pacholka

FEURIGE STERNE DES SÜDENS * 119

Feuer, Wasser, Erde und Luft: An die vier Grundelemente der griechischen Naturphilosophie erinnert diese Aufnahme. Entstanden ist sie im Volcanoes-Nationalpark auf Hawaii, wo der Kilauea, der momentan aktivste Vulkan der Erde, flüssiges Magma an die Erdoberfläche befördert. Nicht weniger imposant ist der Sternenhimmel über der Inselgruppe im Pazifik, der bereits einige südliche Sternbilder aufzuweisen hat. Rechts oberhalb der Rauchfahne steht das Kreuz des Südens (1), genau darüber die beiden hellen Sterne Toliman (2) und Agena (3), besser bekannt als Alpha und Beta Centauri.
Wally Pacholka

STERNE ZUM GREIFEN NAH * 120–121

Eine Wolkendecke deckt die menschlichen Lichter ab, oberhalb davon funkelt der Sternenhimmel. Links vom hellsten Teil der Milchstraße steht das Sternbild Schwan (1), auch als Kreuz des Nordens bezeichnet. Ganz rechts dagegen, neben der Sternwartenkuppel, findet man das markante Kreuz des Südens (2). An diesem abgelegenen Ort der Erde stehen die Teleskope der größten Sternwarte der Welt, darunter das kanadisch-französische Instrument mit 2,3 Meter Spiegeldurchmesser (links) und das amerikanische Gemini Nord mit einem 8,1 Meter großen Spiegel (rechts).
Wally Pacholka

GIGANT MIT HIMMELSBLICK * 122

Bis zu 85 Meter hoch recken sich Mammutbäume in den Himmel. Dieses Prachtexemplar wächst im Sequoia-Nationalpark in der kalifornischen Sierra Nevada und hat sogar einen Namen: „General Grant Tree". Zehn Meter dick ist sein Stamm an der Basis, das Alter dieser Baumpersönlichkeit wird auf rund 2000 Jahre geschätzt. Als er noch ein Keimling war, begann unsere Zeitrechnung. Etwa ebenso lange war auch das Licht des Nordamerikanebels (1) zur Erde unterwegs, der als rötlicher Fleck oberhalb der Baumkrone im Band der Sommermilchstraße zu erkennen ist.
Wally Pacholka

MILCHSTRASSE ÜBER DEM TEUFELSTURM * 123

Nicht weniger als 100 Milliarden Sterne bilden unsere Milchstraße, einen davon nennen wir Sonne. Die restlichen ergeben, weil sie in Form einer Scheibe angeordnet sind, dieses helle Band am Himmel. Die eingestreuten Dunkelwolken bestehen aus Staub, der zusammen mit Wasserstoffgas das Baumaterial für immer neue Sterne darstellt. Auf dem Foto steigt die Milchstraße über den „Devils Tower" (Teufelsturm) in Wyoming, der bereits 1906 als erstes Naturdenkmal der USA unter Schutz gestellt wurde. 265 Meter überragt der Monolith das umliegende Gelände.
Wally Pacholka

WASSERFONTÄNE FÜR JUPITER * 124

So sieht es aus, wenn in einer sternenklaren Nacht zigtausend Liter kochendes Wasser aus der Erde ausgespien werden und bis zu 50 Meter hoch spritzen. Rund alle anderthalb Stunden wiederholt sich ein Ausbruch des Geysirs „Old Faithful" (alter Getreuer) im bekannten Yellowstone-Nationalpark in Wyoming, der bereits 1872 gegründet wurde und 1978 in die Liste des UNESCO-Weltnaturerbes aufgenommen wurde. Von der Wasserfontäne fast verdeckt wird der Stern Antares (1) im Sternbild Skorpion, der strahlend helle Planet Jupiter (2) steht exakt oberhalb davon.
Wally Pacholka

SOMMERHIMMEL IM WINTERPARADIES * 125

Wer an Kalifornien denkt, assoziiert das meist mit Sonne, Strand und blauem Himmel. Dass der US-Bundesstaat auch Skigebiete zu bieten hat, ist weniger geläufig. Das bekannteste davon ist das Gebiet der „Mammoth Lakes" (Mammut-Seen), das auf 2400 Meter Höhe Wintersport von November bis Mai erlaubt. Das Foto zeigt den sommerlichen Sternenhimmel, dominiert vom hellen Planeten Jupiter (1), der sich gerade im „13. Tierkreissternbild" aufhält, dem Schlangenträger zwischen Skorpion und Schütze. Antares (2), Skorpion-Hauptstern, leuchtet orangefarben rechts unterhalb von ihm.
Wally Pacholka

ALASKA IN FLAMMEN * 126–127

Dieses Foto entstand kurz nach einem Maximum der Sonnenaktivität. Zu diesen Zeiten sind Nordlichter besonders häufig und ausgeprägt. Das helle Gestirn in der Bildmitte ist der Mond, etwas weiter rechts der Planet Jupiter (1). Den Reigen der Sternbilder bilden der Löwe (2), die Zwillinge (3) sowie Perseus (4) und Stier (5). Wer genau hinschaut, kann die Plejaden (6) entdecken und, als nebligen Fleck, den Kometen Ikeya-Zhang (7). Dieses Panoramabild wurde nachträglich aus sieben Weitwinkelbildern in aufwändiger Arbeit zusammengesetzt.
Dennis Mammana

GRÜNE HIMMELSSPIRALE * 128

Polarlichter gehören zu den eindrucksvollsten Erscheinungen am nächtlichen Himmel. Wie Vorhänge, die sich im Wind wiegen, bewegen sie sich über das Firmament. Obwohl die frühesten Aufzeichnungen über diese Erscheinungen 2000 Jahre alt sind, wurden erst im 18. Jahrhundert Versuche unternommen, ihre Entstehung wissenschaftlich zu erklären. Von der Sonne abgestrahlte Teilchen bringen Luftpartikel in der Erdatmosphäre zum Leuchten. Das abgebildete Polarlicht war über der kanadischen Stadt Yellowknife auf dem 62. nördlichen Breitengrad zu bewundern.
Yuichi Takasaka

ROTER MOND UNTER PALMEN * 129

Der zauberhafte Aufnahmeort dieser Fotoserie lag genau genommen nahe der Stadt Lāhainā an der Südwestküste der hawaiianischen Insel Maui. Von dort verfolgte der Fotograf das himmlische Schattenspiel einer totalen Mondfinsternis. Die Reihenbelichtung schafft eine Vorstellung von der Dramatik eines solchen Ereignisses: Zunächst werden immer größere Bereiche des Vollmondes vom Erdschatten verfinstert, bis schließlich der gesamte Mondglobus in den Kernschatten der Erde getaucht ist. Erst dann „glüht" er in der typisch roten Farbe.
Fred Espenak

WANDERWEG MIT BE-LEUCHTUNG * 130 LINKS

Ein dunkler Nachthimmel lockt mit Attraktionen wie hier mit einem Polarlicht, das sich zwischen den Sternen des Winterhimmels entlangschlängelt: Rechts geht das Sternbild Orion (1) auf, weiter links stehen die Zwillinge (2) schon höher. Naturverbundenheit und Unerschrockenheit sollte man jedoch mitbringen, wenn man des Nachts dunkle und einsame Gegenden aufsucht. Unheimlich wirkt etwa eine ungewohnte Geräuschkulisse durch nachtaktive Tiere. Der Fotograf vernahm während dieser Aufnahme ständig das Platschen von im See schwimmenden Bibern und Bisamratten.
Yuichi Takasaka

NACHTHIMMEL MIT STAR-BESETZUNG * 130 RECHTS

Was ist besser als eine Attraktion am Nachthimmel? Deren zwei! Der Fotograf erwischte eine optimale Nacht, denn eigentlich hatte er es nur auf den Kometen Hale-Bopp abgesehen, der uns 1997 besuchte. Er steht in der Bildmitte mit seinem hellen, weißlichen Staubschweif (1) und dem blauen Plasmaschweif (2). Zusätzlich bereicherte ein Polarlicht die Szene am Himmel. Und wer darüber hinaus nicht nur Augen für die augenfälligsten Erscheinungen hat, kann über dem Dachgiebel auch die Andromeda-Galaxie (3) aufspüren, unsere nächste große Nachbar-Milchstraße.
David Malin/Akira Fujii

KOMET IM SCHLÜSSEL-LOCH * 131 LINKS

Auch hier spielt der Komet Hale-Bopp die Hauptrolle. Pittoresk steht er am Abendhimmel, an dem bereits die ersten Sterne aufleuchten, während der Horizont noch in rötliches Dämmerlicht getaucht ist. Als Vordergrund wählte der Fotograf eine Felsöffnung in der Form eines Schlüssellochs, den „Keyhole Arch" in den Monument Rocks im US-Bundesstaat Kansas. Die Felsen wurden mit einer künstlichen Lichtquelle angestrahlt, nachdem die Kamera ein kleines bisschen versetzt wurde. So entstand die dunkle Doppelkontur.
Doug Zubenel

RADIOBLICK ZUM HIMMEL * 131 RECHTS

Auf dem 3267 Meter hohen Mount Graham in Arizona steht eine Sternwarte mit drei Teleskopen. Eines davon ist das abgebildete Radioteleskop, dessen Parabolantenne zehn Meter Durchmesser hat. Es empfängt Radiosignale aus dem All mit Wellenlängen unterhalb eines Millimeters. Nur auf hohen Bergen, wo die Luftfeuchtigkeit gering ist, lassen sich derartige Beobachtungen durchführen. Über dem Teleskop steht die bekannte Sternanordnung des Großen Wagens. Wegen der südlicheren Lage des Standortes steht er bei seiner Jahreshöchststellung nicht so hoch am Himmel wie bei uns.
P. K. Chen

Südamerika

SCHLAFENDES SONNEN-TELESKOP * 132

Während dieses Foto entstand, war das Teleskop sicher nicht in Betrieb, denn es ist ein Spezialgerät zur Beobachtung der Sonne. Zu sehen ist nur das obere Ende, ein noch größerer Teil ragt in den Erdboden hinein. 1962 erbaut, ist es zwar nicht mehr das modernste, aber mit 1,6 Meter Durchmesser noch immer eines der größten Sonnenteleskope der Welt. Das Foto wurde so lange belichtet, dass die Sterne des Orion im Hintergrund strichförmig wurden. Die violette Spur hat der Orion-Nebel hinterlassen, ein leuchtendes Sternentstehungsgebiet, in dem sich auch heute noch neue Sterne bilden.
Fred Espenak

EIN FELD VOLLER RADIO-TELESKOPE * 133

Im amerikanischen New Mexico steht eine außergewöhnliche Anlage zur Erforschung des Universums: ein Feld mit insgesamt 27 Radioteleskopen, die als „Very Large Array" bezeichnet werden. Jedes davon hat eine Parabolantenne mit 25 Meter Durchmesser. Doch der Clou ist, dass sich die Teleskope verschieben und entlang von drei Y-förmig verlaufenden, jeweils 21 Kilometer langen Schienen unterschiedlich anordnen lassen. Zusammengeschaltet bilden sie ein sogenanntes Interferometer, das die Auflösung eines hypothetischen Teleskops mit 36 Kilometer Antennendurchmesser erreicht.
Fred Espenak

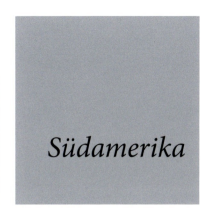

ZWILLINGSSTERNWARTE * 138

Im Laufe der zweistündigen Belichtungszeit regnen die Sterne förmlich über diese Sternwarte in Chile hernieder. Der südliche Himmelspol liegt knapp außerhalb des Bildausschnitts. In dem futuristisch anmutenden Observatorium ist eines der größten Teleskope der Erde untergebracht, ein Spiegelteleskop mit 8,1 Meter Durchmesser. Es nutzt die geringe Luftfeuchte auf dem 2715 Meter hohen Cerro Pachón, um Beobachtungen im infraroten Licht durchzuführen. Ein identisches Zwillingsteleskop steht auf dem Mauna Kea in Hawaii, um den Nordhimmel zu beobachten (vgl. S. 121).
Stefan Seip

STERNKREISEL ÜBER TITICACA * 139

Für diese Strichspuraufnahme blieb der Kameraverschluss zwei Stunden lang geöffnet. Auffallend tief am Himmel steht der Dreh- und Angelpunkt, denn das Foto ist am Titicaca-See in Bolivien entstanden – und der liegt etwa auf dem 16. Breitengrad südlich des Äquators. Demzufolge steht auch der Himmelspol nur 16 Grad über dem Horizont. Wäre es der Himmelsnordpol, stünde ein ziemlich heller Stern in Polnähe, der Polarstern. Doch die Bewohner der Südhalbkugel müssen ohne einen solchen Wegweiser auskommen.
Fred Espenak

DER GRÜNE BLITZ * 140

Wenn an Orten mit besonders klarer Luft die Sonne auf- oder untergeht, kann mit etwas Glück eine atmosphärische Erscheinung auftreten, die als Grüner Blitz bezeichnet wird. Auf dem Foto ist sie gut zu sehen, und zwar am oberen Sonnenrand. Der Grüne Blitz währt oft nur den Bruchteil einer Sekunde – eine fotografische Herausforderung. Hervorgerufen wird das Phänomen durch die Erdatmosphäre, die wie ein Prisma wirkt und das Sonnenlicht in seine spektralen Bestandteile zerlegt. Als Silhouette im Vordergrund ist die neue europäische Südsternwarte (VLT) auf dem Cerro Paranal zu sehen.
Stéphane Guisard

VOLLMOND ÜBER LA PAZ * 141

Noch in der Abenddämmerung ist der Vollmond über den Gipfel des Illimani geklettert, dem mit 6438 Metern zweithöchsten Berg Boliviens. Auf dem Foto gut zu sehen sind die vielen Gipfelspitzen des Illimani, von denen vier Stück über 6000 Meter Höhe erreichen. Im Vordergrund ist nicht etwa ein Bergdorf zu sehen, sondern eine der größten Städte des Landes. La Paz liegt auf immerhin 3200 bis 4100 Meter Meereshöhe und ist Regierungssitz – der höchstgelegene der Welt.
Tamas Ladanyi

DREIERTREFFEN AM ABENDHIMMEL * 142–143

Chile bietet hervorragende Beobachtungsbedingungen für Astronomen, daher gibt es im Land auch zahlreiche professionelle Großsternwarten. Doch die fast 5,5 Millionen Einwohner der Hauptstadt Santiago de Chile produzieren dessen ungeachtet in Summe eine immense Lichtemission. Nur helle Gestirne haben dagegen noch die Chance, sich bemerkbar zu machen. Hier ist es der zunehmende Mond, dessen Sichelform auf der Südhalbkugel andersherum gebogen ist als bei uns, der gemeinsam mit dem Planetenduo Venus (1) und Jupiter (2) den Abendhimmel bereichert.
Stéphane Guisard

ORION STEHT KOPF * 144

Chiloé ist eine zu Chile zählende Insel im Pazifischen Ozean. Erstmals setzten 1553 Europäer ihren Fuß auf das Eiland, 1612 errichteten Jesuiten die erste Kirche. Sehenswert sind viele der aus Holz gebauten Gotteshäuser, von denen manche auch als Weltkulturerbe der UNESCO eingestuft sind. Der abgebildete Sternenhimmel ist trotz dieser südlichen Lage auch Bewohnern der Nordhalbkugel bekannt, jedoch steht alles auf dem Kopf. Über dem Kirchendach schimmern die Plejaden (1), links vom Kirchturm der Orion (2) und rechts oben Sirius (3) im Sternbild Großer Hund.
Stéphane Guisard

SIEBENGESTIRN ÜBER VULKANSCHLOT * 145

Bis in eine Höhe von 5920 Meter reckt sich der nicht mehr aktive Vulkan Licancabur in Chile an der Grenze zu Bolivien. In seinem Gipfelkrater ruht der höchstgelegene See der Welt, in dem trotz Außentemperaturen von bis zu –30 Grad Celsius Leben gedeiht. Selbst die NASA hat schon Untersuchungen angestellt, wie das möglich sein kann. Bereits die Inkas verehrten den Berg als Heiligtum, Überreste von Bauwerken aus der Inka-Zeit sind an seinen Hängen noch erhalten. Über der Bergspitze ist das Siebengestirn erkennbar, der Sternhaufen der Plejaden im Sternbild Stier.
Serge Brunier

 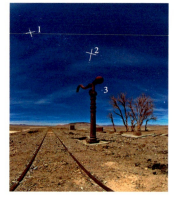   

DAS TAL DES MONDES * 146

Nahe dem Städtchen San Pedro de Atacama liegt das Valle de la Luna, das Tal des Mondes. Tatsächlich ähnelt die karge und schroffe Landschaft dem Aussehen nach der Mondoberfläche. Über dem Tal steht eine bekannte Sternanordnung, der Große Wagen. Vielleicht erkennt man ihn nicht auf Anhieb, denn er steht auf dem Kopf. Das liegt daran, dass das Foto auf der Südhalbkugel der Erde entstanden ist, nahe dem südlichen Wendekreis. Zwar ist der Große Wagen von dort aus immerhin zeitweise noch zu sehen, er nimmt aber eine für uns ungewohnte Position am Himmel ein.
Stéphane Guisard

DAS KREUZ DES SÜDENS * 147

Trotz leichter, extrem seltener Bewölkung und Mondlicht sind auf diesem Foto etliche Sternbilder sichtbar. Von links nach rechts, entlang der Milchstraße, fällt zunächst das bekannte Sternbild „Kreuz des Südens" (1) auf. Weiter rechts unten steht eine Sterngruppe, die ähnlich aussieht und als „falsches Kreuz des Südens" (2) gilt. Es sind vier Sterne des Sternbildes Schiffskiel. Links über den Bäumen schließlich leuchtet der helle Stern Canopus (3). Die Wüste Atacama zählt zu den trockensten Regionen der Erde, in einigen Gebieten wurde noch niemals Regen aufgezeichnet.
Serge Brunier

STERNENNACHT ÜBER DER OSTERINSEL * 148

Schon 1995 wurde der Nationalpark Rapa Nui, besser bekannt als die Osterinsel, Teil des UNESCO-Weltkulturerbes. Die zu Chile gehörende Insel liegt einsam, fast 4000 Kilometer entfernt von der nächsten Küste im Südostpazifik. 638 kolossale Steinstatuen, Bestandteile einstiger Zeremonialanlagen, haben sie trotzdem bekannt gemacht. Einige davon sind auf dem Foto abgebildet, als stumme Bewunderer der südlichen Sternenhimmels mit den Magellanschen Wolken (1 + 2). Links neben den Wolken leuchtet der zweithellste aller Fixsterne am Himmel, Canopus (3), im Sternbild Schiffskiel.
Stéphane Guisard

MENSCH AUF DEM MARS? * 149

Die Wüste Atacama erstreckt sich über 1600 Kilometer entlang der Nordwestküste Chiles. Nur wenige Pflanzen- und Tierarten können in der dort herrschenden großen Trockenheit überleben. Wenn man sich zum Sternegucken dorthin begibt, kann daher der Eindruck entstehen, man sei alleine auf einem anderen Planeten. Manche Landschaften ähneln tatsächlich verblüffend denen auf dem Mars oder Mond (vgl. S. 146). Am Horizont dieser Fischaugen-Aufnahme leuchten unterhalb der Milchstraße links der Jupiter (1), rechts die beiden Magellanschen Wolken (2 + 3).
Serge Brunier

HIGHWAY TO HEAVEN * 150–151

Kaum ein Ort ist besser für astronomische Beobachtungen geeignet als die Hochlagen der Atacama-Wüste in Chile. Größere Städte mit ihren Lichtglocken sind weit entfernt, fast jede Nacht ist klar, die Luft ist extrem trocken, transparent und ohne starke Verwirbelungen. Auch wenn diese Region ein wenig lebensfeindlich erscheinen mag, haben die Astronomen dort eines der leistungsfähigsten Observatorien gebaut, das „Very Large Telescope" (VLT). Die leicht beleuchtete Straße führt direkt zu dieser Anlage, die auf der Bergkuppe im Hintergrund zu erkennen ist.
Stéphane Guisard

    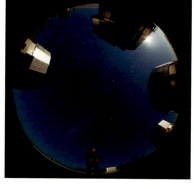

FINGERZEIG ZUR MILCHSTRASSE * 152

Wie Hände mit ausgestrecktem Zeigefinger sehen diese Kakteen der Gattung Echinopsis aus, die in der chilenischen Atacama-Wüste bis acht Meter hoch wachsen und der dortigen Dürre trotzen. Auf dem Foto jedoch dominiert das Band der Milchstraße. Der Blick ist in das sternreiche Zentrum unserer Heimatgalaxie gerichtet, auf die Sternbilder Schütze (1) und Skorpion (2), die dort in maximaler Pracht strahlen. Im rechten, oberen Bildeck ist das Sternbild „Kreuz des Südens" (3) erfasst sowie der „Kohlensack" (4), eine auffällige, gut abgesetzte Dunkelwolke innerhalb der Milchstraße.
Stéphane Guisard

GALAKTISCHER AUSBLICK * 153

Unsere Milchstraße besteht aus rund 100 Milliarden Sternen, die ein diskusförmiges Gebilde formen. Die Sonne mit ihrem Planetensystem befindet sich innerhalb dieser Scheibe, aber nicht im Zentrum, sondern weit zum Rand versetzt. Beim Blick nach oben oder unten aus dieser Scheibe heraus treffen wir auf relativ wenige Sterne, das ist der uns bekannte Sternenhimmel mit seinen Sternbildern. In der Ebene der Galaxis jedoch häufen sich die Sterne sehr stark und bilden das Band der Milchstraße am Himmel. Dieses Band ist besonders hell, wenn der Blick in das sternreiche Zentrum gerichtet ist.
Stéphane Guisard

KOSMISCHES SCHATTENSPIEL * 154

Wenn Sonne, Erde und Mond in dieser Reihenfolge genau auf einer Linie angeordnet sind, was relativ selten passiert, taucht der Vollmond langsam in den Schatten der Erde ein. Dabei verdunkelt er sich – es findet eine totale Mondfinsternis statt. Allerdings verschwindet unser Trabant dabei nicht gänzlich vom Himmel. Etwas durch die Erdatmosphäre gebrochenes Sonnenlicht erreicht ihn noch und ruft die geheimnisvolle Rotfärbung hervor. Im Vordergrund sind hier die Hilfsteleskope der neuen europäischen Südsternwarte VLT zu sehen.
Stéphane Guisard

KÜNSTLICHER STERN AM HIMMEL * 155

Als gäbe es nicht genug Sterne über dem Cerro Paranal in der Atacama-Wüste, wird hier durch einen kräftigen Laserstrahl in 95 Kilometer Höhe ein weiterer, künstlicher Stern erzeugt. Das Teleskop ist nämlich mit einer „adaptiven Optik" ausgestattet. Diese verformbare Optik ist in der Lage, Bildunschärfen, die durch Luftturbulenzen entstehen, zu kompensieren, um noch schärfere Bilder des Himmels zu gewinnen. Allerdings braucht sie dazu einen hellen Stern in unmittelbarer Nähe des Beobachtungsobjekts. Und wenn kein solcher Stern existiert, erzeugt man ihn eben mit einem Laser.
Serge Brunier

VIER MAL ACHT METER * 156

Das „Very Large Telescope" (VLT) ist eines der besten optischen Observatorien der Welt. Es besteht im Wesentlichen aus vier baugleichen Teleskopen, von denen jedes über einen Spiegeldurchmesser von stolzen 8,2 Metern verfügt. Das Licht der Teleskope kann unterirdisch zusammengeführt werden, um eine nochmals verbesserte Bildauflösung zu erreichen. Betrieben wird die Anlage in Chile von der Europäischen Südsternwarte, einem Konsortium aus derzeit 14 europäischen Mitgliedsstaaten. Auf dem Foto lässt das helle Mondlicht das schimmernde Band der Milchstraße verblassen.
Stefan Seip

GALERIE DER BILDER ★ 205

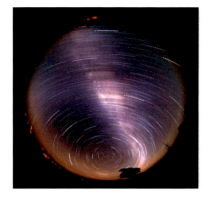

Australien und Antarktis

DAS GRÖSSTE TELESKOP DER WELT ★ 157

Das Arecibo-Observatorium in Puerto Rico beherbergt das größte Einzelteleskop der Welt. Genau genommen müsste man von einer Antenne sprechen, denn es ist ein Radioteleskop. Der Durchmesser des Spiegels, der auf dem Foto unten angeschnitten ist, beträgt ungeheuerliche 305 Meter. Allerdings ist er nicht beweglich und in eine natürliche Bodensenke eingelassen. Durch Verschieben des an Drahtseilen aufgehängten Empfängers kann ein fast 40 Grad breiter Streifen am Himmel beobachtet werden. Darüber steht hier der Mond, umgeben von einem ringförmigen Lichthalo (vgl. S. 74).
Serge Brunier

DIE STRASSE NACH SÜDEN ★ 162

Wer nachts im weitläufigen Buschland im Westen Australiens unterwegs ist und kein Navigationssystem an Bord hat, kann seine Fahrtrichtung auch anhand der Sterne bestimmen. Es gilt, den Himmelssüdpol zu finden, was zwar nicht ganz so einfach ist wie auf der Nordhalbkugel, weil sich in seiner Nähe kein heller Stern befindet. Mühelos gelingt das aber mit einer Kamera, bei der eine lange Belichtungszeit eingestellt ist. Das Foto enthüllt, dass diese Straße direkt auf den Pol zuführt, also schnurstracks nach Süden. Die Landschaft auf dem Bild wird durch Mondlicht erhellt.
John Goldsmith

METEORBLITZ ÜBER KALKSTEINSÄULEN ★ 163

Die auffälligen Steinformationen dieser bizarren Landschaft („Pinnacles") sind natürlichen Ursprungs, das farbige Licht ist eine Idee des Fotografen, der mit verschiedenfarbigen Taschenlampen die Steine während der Langzeitbelichtung „angemalt" hat. Zu finden sind diese Verwitterungsprodukte aus Kalkstein im Nambung-Nationalpark im Westen Australiens. Bei der Entstehung der Säulen hat der Pflanzenwuchs längst vergangener Epochen eine tragende Rolle gespielt. Am linken Rand des Bildes blitzt ein heller Meteor auf.
John Goldsmith

KREISELNDER RUNDUMBLICK ★ 164

Auch auf der Südhalbkugel der Erde gehen die Gestirne im Osten auf und im Westen unter. Die Sterne drehen sich aber im Uhrzeigersinn um den südlichen Himmelspol, also genau andersherum, als es auf der Nordhalbkugel der Erde um den nördlichen Himmelspol der Fall ist. Diese Fischaugen-Aufnahme zeigt eine 360-Grad-Rundumsicht, unten ist Süden, rechts Westen. Kurz nach Beginn der Belichtung hat der Fotograf den Objektivdeckel für einen Moment aufgesetzt, so dass zunächst eine scharfe Sternabbildung entstand, nach der Belichtungspause dann erst die Strichspur.
Shingo Takei

STERNENKARUSSELL „DOWN UNDER" ★ 165

Wiederum fertigte der Fotograf hier eine Strichspuraufnahme an, indem er den Kameraverschluss einige Stunden lang öffnete. Und wiederum unterbrach er die Belichtung nach dem Start für einen Moment, um vor jeder Strichspur einen Sternpunkt zu erzeugen. Die Sterne in Polnähe beschreiben in einer Nacht kleinere Kreisbahnen als diejenigen weiter außen, daher scheinen sie auch langsamer über den Himmel zu wandern. Sie haben deswegen mehr Zeit, sich auf dem Aufnahmematerial zu „verewigen", die Sterndichte nimmt daher nach außen ab.
David Malin/David Miller

DUETT VON MOND UND VENUS ★ 166

Malerisch präsentieren sich die schmale Sichel des Mondes und der helle Planet Venus am Abendhimmel über einem See nahe Port Hedland im Westen Australiens. Der Fotograf nahm zunächst eine erste, kurze Belichtung vor. Nach etwa anderthalb Minuten setzte er die Belichtung fort, so dass die beiden untergehenden Gestirne eine Lichtspur auf der Aufnahme hinterließen. In Horizontnähe ist die Bewegung des Mondes relativ zu den Bäumen auch mit dem bloßen Auge gut zu verfolgen, so kann man direkt Zeuge der Erdrotation werden!
David Malin/David Miller

DOPPELTE SONNE ★ 167

Scheinbare Abschnürungen der Sonnenscheibe beim Unter- oder Aufgang – wie hier im Bild – werden durch die Erdatmosphäre hervorgerufen, wenn unterschiedlich temperierte Luftschichten übereinanderliegen. Durch eine Luftspiegelung entsteht dann häufig ein völlig deformiertes Bild der Sonne. Gleichzeitig wirkt die Luftschicht aber auch wie ein Prisma, die das Sonnenlicht, je nach Wellenlänge, unterschiedlich stark ablenkt. So entsteht der Grüne Blitz stets an der Oberkante, der Rote Blitz an der Unterkante der Sonnenscheibe.
David Malin/David Miller

MITTERNACHTSSONNE ÜBER DER ANTARKTIS ★ 168

Die kühle Stimmung, die dieses Foto vermittelt, täuscht nicht. Es wurde aus einem Flugzeug über dem südlichen Eismeer, unweit der antarktischen Küste aufgenommen. Um den Zeitpunkt unserer Wintersonnenwende erlebt man an einem solchen Ort jenseits des südlichen Wendekreises, dass die Sonne gar nicht mehr untergeht und als „Mitternachtssonne" beobachtet werden kann. Allerdings erreicht sie keine große Höhe über dem Horizont, so dass von wärmenden Sonnenstrahlen kaum die Rede sein kann.
Babak Tafreshi

ORION IM STURZFLUG ★ 169

Südlich der Landmasse von Australien liegt die Insel Tasmanien, zu der auch Bruny Island gehört. Sie befindet sich in der Nähe des südlichsten Punktes Australiens, hier ist der Breitengrad –43,5 erreicht. Der Sternenhimmel wird dominiert von den typischen Sternbildern des Südhimmels, die im deutschsprachigen Raum niemals zu sehen sind. Doch der Blick nach Norden zeigt auch einige bekannte Sternbilder wie etwa den Himmelsjäger Orion (1). Wer jedoch den Anblick von der Nordhalbkugel gewohnt ist, wird sich die Augen reiben, denn das Sternbild steht natürlich auf dem Kopf!
Babak Tafreshi

 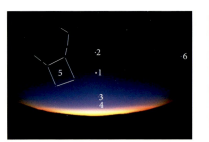   

DAS KREUZ DES SÜDENS IM BLICK * 170–171

Gut 200 Kilometer südwestlich von Sydney liegt der Murramarang-Nationalpark, dessen Attraktion vor allem eine reichhaltige Tierwelt ist. Hinter traumhaft schönen Sandstränden wächst dichter Wald mit Eukalyptus-Bäumen. Der Fotograf hat seinen Standpunkt so gewählt, dass das kleinste und bekannteste Sternbild des Südhimmels, das Kreuz des Südens (1), zwischen den Zweigen zu sehen ist. In dem Wald ist es nachts so dunkel, dass man die Hand vor Augen nicht sieht. Daher wurden die Bäume während der Belichtung mit einer Taschenlampe angeleuchtet.
LeRoy Zimmerman

FÜNF PLANETEN AUF EINEN STREICH * 172

Auf diesem Foto sind fünf der acht Planeten unseres Sonnensystems versammelt. Unsere Erde muss allerdings mitgezählt werden, denn sie ist im Vordergrund auch abgebildet. Das hellste Gestirn am Himmel ist die Venus (1), darüber steht Jupiter (2). Unterhalb der Venus leuchten Merkur (3) und Saturn (4) in der Morgendämmerung. Links von Venus erkennt man das Sternbild Pegasus (5), ganz rechts den hellen Stern Achernar (6). Aufgenommen wurde das Foto vom Rand des Wolfe-Creek-Einschlagkraters in Australien.
John Goldsmith

DUNKEL HEISST NICHT SCHWARZ * 173

Wenn Astronomie-Begeisterte von Orten mit „rabenschwarzem Himmel" sprechen, sind Regionen gemeint, in denen die künstliche Aufhellung durch irdische Lichtquellen minimal ist, so wie nahe der Ortschaft Yerecoin im Südwesten Australiens, wo diese Aufnahme entstand. Sie zeigt, dass diese Klassifizierung nicht wörtlich zu nehmen ist: Nur der unbeleuchtete Baum im Vordergrund ist tatsächlich rabenschwarz, während der Nachthimmel stets eine gewisse Resthelligkeit aufweist, nicht nur in den Bereichen der Milchstraße.
Shingo Takei

BLITZ UND DONNER * 174 LINKS

Beim Blick auf dieses Foto wartet man förmlich auf den krachenden Donnerknall. Bevor es zu einem solch gewaltigen Blitz kommt, muss die elektrische Spannung zwischen der Erde und der Wolke einige zehn Millionen Volt betragen. Wird die Luft durch Ionisation leitfähig, kann ein Potenzialausgleich durch eine Blitzentladung stattfinden. Der Blitz erhitzt die Luft schlagartig auf 30 000 Grad Celsius, weshalb sie sich nach der Entladung explosionsartig ausdehnt – das erzeugt den Donner. Die Aufnahme stammt aus Halls Creek, einer Kleinstadt in West-Australien.
David Malin/David Miller

WENN ES STERNSCHNUPPEN REGNET * 174 RECHTS

Der jährliche Meteorstrom der Leoniden erreichte im Jahr 2001 einen Höhepunkt. Das Foto vermittelt einen Eindruck davon, wie viele helle Meteore in kurzer Zeit vom Himmel regneten. Sie scheinen alle einem Punkt zu entspringen, dem sogenannten Radianten, der bei den Leoniden im Sternbild Löwe liegt. In Wahrheit verlaufen die Flugbahnen der Sternschnuppen jedoch parallel, nur der perspektivische Eindruck ist ein anderer. Aufgenommen wurde das Bild im Uluru-Kata-Tjuta-Nationalpark, zu dem auch der berühmte Inselberg „Ayers Rock" gehört.
Fred Espenak

SCHWEIFSTERN ÜBER PERTH * 175

Entdeckt wurde er von dem Australier Robert McNaught im August 2006: der Komet McNaught. Zum Jahresbeginn 2007 bot er dann ein beachtliches Schauspiel – auch am Abendhimmel über der australischen Stadt Perth. Auf diesem Foto konkurriert er erfolgreich mit der Lichterflut der 1,5-Millionen-Metropole im Westen Australiens. Sogar die Tagespresse rund um die Welt berichtete über den Kometen, so dass viele Millionen Menschen zu Augenzeugen wurden. Da seine Bahn um die Sonne jedoch die Form einer Hyperbel hat, wird der Komet niemals mehr wiederkehren.
John Goldsmith

DER KOMET DES SÜDENS * 176–177

In Sonnennähe entwickeln Kometen ihren charakteristischen Schweif. In besonders imposanter Weise tat das der Komet McNaught, der sich zu einem der hellsten Kometen des Jahrhunderts entwickelte und sogar am Taghimmel mit dem bloßen Auge gesehen werden konnte. Seine ganze Pracht entfaltete der Schweifstern im Januar 2007, als sein breit gefächerter Schweif bis zu 40 Grad Länge erreichte. Privilegiert waren die Bewohner der Südhalbkugel, weil von dort aus der Höhepunkt seiner Vorstellung am besten zu sehen war. Das Foto zeigt den Kometen über einer Sternwarte in West-Australien.
David Malin/Akira Fujii

Weitere Bilder

DER MOND DES POSEIDON * 4–5

Gelblich verfärbt erhebt sich der riesige Vollmond neben der Ruine des Poseidon-Tempels am Kap Sunion in Griechenland. Es scheint, als ob das Mondlicht die Ruine in ein geheimnisvolles Licht taucht. Tatsächlich jedoch wird sie von Scheinwerfern illuminiert. Der Tempel wurde vor fast 2500 Jahren errichtet.
Anthony Ayiomamitis

VENUS BEI DEN PLEJADEN * 6

Während die Sterne dem Nachthimmel ein unveränderliches Muster aufprägen, bewegen sich die Planeten entlang des Tierkreises vor den Sternbildern. Dabei kommt es immer wieder zu sehenswerten Begegnungen: Das Bild zeigt den hellen Planeten Venus (1) beim Sternhaufen der Plejaden (2) im Sternbild Stier.
Stefan Seip

DIE SCHAUPLÄTZE DER AUFNAHMEN

ASIEN (s. S. 17)

Armenien
Byurakan 45

China
Shanxi, Pingyao 22
Region Peking 34

Indien
Delhi 24–25
Jaipur 28–29

Iran
Elburs-Gebirge, Damāvand, Abe Ask 18
Elburs-Gebirge, Damāvand 19, 20
Elburs-Gebirge 30, 40 re
Isfahan 26 li
Kavir-Wüste 31, 39
Maschhad 27
Nischapur 26 re
Persepolis 21
Persischer Golf, Qeshm 40 li

Japan
Fuji, Yamanaka-See 35

Korea
Sobaeksan-Gebirge 23

Nepal
Himalaja, Sagarmatha-Nationalpark 32–33

Russland
Altai-Gebirge, Fluss Chuya 41

Thailand
Ayutthaya 44

Türkei
Assos 38
Bursa 43
Ephesus 36–37
Side 42

EUROPA (s. S. 49)

Deutschland
Nördlingen 59 li
Stuttgart 58 re
Welzheim 6

England
Stonehenge 73 re

Finnland
Nähe Helsinki 50, 51, 60, 72 li, 73 li

Frankreich
Bretagne, Carnac 62–63
Bretagne, Languidou 68
Bretagne, Lesconil 66–67
Bretagne, Quimper 59 re, 74
Bretagne, Nähe Quimper 53

Griechenland
Ägäis, Kap Sunion 4–5
Oropos 58 li

Norwegen
Trøndelag, Fosen 70

Russland
Kaukasus, Elbrus 71

Schweden
Hedesunda, Fluss Dalälven 69
Vallentuna, Björkby-Kyrkvikens-Naturreservat 55
Vallentuna 65, 72 re

Schweiz
Alpen, Matterhorn 64

Spanien
Katalonien, Provinz Barcelona 75
San Sebastián 54

Türkei
Istanbul 56–57

Ungarn
Veszprém, Bakony-Gebirge 61
Veszprém, Marko 52

AFRIKA (s. S. 79)

Ägypten
Luxor 84
Gizeh 86

Algerien
Constantine 85
Algier 87
Sahara, Tassili-Nationalpark 88–89, 90

Botsuana
Maun 95

Kenia
Zentral-Kenia 80–81

Sambia
Kafue-Nationalpark 100
Chisamba 101

Spanien
La Palma 82, 83, 94, 96, 97
Teneriffa, Teide 92, 93, 98–99

Südafrika
Augrabies Falls 91

NORDAMERIKA (s. S. 105)

Kanada
Alberta, Jasper-Nationalpark 109
North West Territorries 130 re
North West Territorries, Ingraham Trail 130 li
North West Territorries, Yellowknife 106, 128

USA
Alaska, Denali-Nationalpark 126–127
Arizona, Grand Canyon 117
Arizona, Kitt Peak 132
Arizona, Mount Graham 131 re
Arizona, Saguaro-Nationalpark 112
Hawaii, Volcanoes-Nationalpark, Kīlauea 119
Hawaii, Volcanoes-Nationalpark, Mauna Kea 120–121
Hawaii, Maui 129
Kalifornien, Alabama Hills Umschlag
Kalifornien, Mammoth Lakes 125
Kalifornien, Sequoia-Nationalpark 122
Kalifornien, Yosemite-Nationalpark 107
Kansas, Monument Rocks 131 li
Nevada, Las Vegas 110–111
New England, Nähe Boston 113
New Mexico, Socorro 133
Puerto Rico, Arecibo 157
South Dakota, Mount-Rushmore-Nationalpark 118
Utah, Arches-Nationalpark 108
Utah/Arizona, Monument Valley 114–115, 116
Wyoming, Devils Tower 123
Wyoming, Yellowstone-Nationalpark 124

SÜDAMERIKA (s. S. 137)

Bolivien
La Paz 141
Titicaca-See 139

Chile
Atacama-Wüste, Cerro Pachón 138
Atacama-Wüste, Cerro Paranal 140, 150–151, 154, 155, 156
Atacama-Wüste, Nähe Cerro Paranal 149
Atacama-Wüste, Licancabur 145
Atacama-Wüste, San Pedro de Atacama 147, 152, 153
Atacama-Wüste, Valle de la Luna 146
Chiloé 144
Osterinsel, Rapa-Nui-Nationalpark 148
Santiago de Chile 142–143

Puerto Rico
Arecibo 157

AUSTRALIEN UND ANTARKTIS (s. S. 161)

Antarktis
Südliches Eismeer 168

Australien
New South Wales, Murramarang-Nationalpark 170–171
New South Wales, Warrumbungle-Nationalpark 164
Northern Territory, Uluṟu-Kata-Tjuṯa-Nationalpark 174 re
Tasmanien, Bruny Island 169
Western Australia 162
Western Australia, Chiro-Observatorium 176–177
Western Australia, Halls Creek 165, 174 li
Western Australia, Nambung-Nationalpark 163
Western Australia, Perth 175
Western Australia, Nähe Perth 167
Western Australia, Port Hedland 166
Western Australia, Wolfe-Creek-Krater 172
Western Australia, Nähe Yerecoin 173

BILDNACHWEIS

Mit 160 Farbfotos von: Amir H. Abolfath, www.torgheh.ir/en (1): S. 13 (unten); Anthony Ayiomamitis, www.perseus.gr (1): S. 10 (oben); Gernot Meiser, www.mobile-sternwarte.de (1): S. 9 (oben); Wally Pacholka, www.astropics.com (1): S. 9 (unten); Stefan Seip, www.astromeeting.de (16): S. 179, 180 (alle), 181, 182, 183 (beide), 184, 185, 186 (beide), 187 (alle); Babak A. Tafreshi, www.dreamview.net (5): S. 8, 10 (unten), 11 (unten), 13 (oben links), 13 (oben rechts); Oshin D. Zakarian, www.dreamview.net (2): S. 11 (oben), 12. Bildnachweis aller anderen Farbfotos: S. 193 – 206. Mit 35 Schwarzweißfotos von: NASA/JPL (1): S. 7; Stefan Seip, www.astromeeting.de (3): S. 181 (oben beide), 183 (oben links); Ranga Yogeshwar (1): S. 7 sowie 30 Fotografenporträts vom jeweiligen Fotografen: S. 188 – 192. Mit 6 Zeichnungen von eStudio Calamar/WALTER Typografie & Grafik GmbH: S. 17, 49, 79, 105, 137, 161.

IMPRESSUM

Umschlaggestaltung von eStudio Calamar unter Verwendung eines Farbfotos von Wally Pacholka, www.astropics.com

Mit 160 Farbfotos, 35 Schwarzweißfotos und 6 Schwarzweißzeichnungen

Unser gesamtes lieferbares Programm und viele weitere Informationen zu unseren Büchern, Spielen, Experimentierkästen, DVDs, Autoren und Aktivitäten finden Sie unter **www.kosmos.de**

Gedruckt auf chlorfrei gebleichtem Papier

© 2010, Franckh-Kosmos Verlags-GmbH & Co. KG, Stuttgart
Alle Rechte vorbehalten
ISBN 978-3-440-12425-3
Redaktion: Justina Engelmann
Produktion: Ralf Paucke
Printed in Slovakia / Imprimé en Slovaquie

und EMD™ Vergütung!

T-2 Bildfeldebner mit Canon EOS T2-Ring:

Selten wurden astronomische Instrumente mit so hohen Ansprüchen an Optik und Mechanik hergestellt wie die 3-linsigen ED-Apochromaten mit Luftspalt und ED-Element von **Explore Scientific**. Der Einsatz von hochwertigstem HOYA® ED FCD1 (Dense Fluor Kronglas) Glasmaterial und einer EMD™ (Enhanced Multilayer Deposition) Vergütung für die Objektivlinsen garantiert ein völlig neues Beobachtungserlebnis.

Explore Scientific garantiert Qualität auf höchstem Niveau: Schon vor der eigentlichen Produktion werden alle Produkte von renommierten Astronomen getestet und sind mit Seriennummern versehen.

Technische Daten:

	ED-80 APO	ED-102 APO	ED-127 APO
Öffnung:	80 mm (3,1")	102 mm (4")	127 mm (5")
Brennweite:	480 mm	700 mm	952,5 mm
Fotografische Blende:	f/6	f/7	f/7,5
Auflösungsvermögen:	1,45" Bogensek.	1,14" Bogensek.	0,9" Bogensek.
Max. Grenzgröße:	12,0 MAG	12,5 MAG	13,0 MAG
Max. sinnvolle Vergrößerung:	160-fach	210-fach	255-fach
Min. Vergrößerung:	12-fach	14,5-fach	14,5-fach
Bildfeld im APS-C Format*:	2,86° x 1,9°	1,9° x 1,2°	1,44° x 0,96°
Tubuslänge (inkl. Taukappe):	48 cm	78 cm	99 cm
Gewicht:	3,4 kg	5,8 kg	9,9 kg

Lieferumfang:

Optischer Tubus; Prismenschiene mit Klemmschrauben für Rohrschelle (nur ED 102 & ED 127); 1:10 Okularauszug; **2" Zenitspiegel**; 25mm **Weitwinkelokular** mit 70° scheinbaren Gesichtsfeld; Tauschutzkappe; Staubschutzdeckel; T-2 **Bildfeldebner** mit Canon **EOS T2-Ring**; Stabiler **Transportkoffer**

MEADE Instruments Europe GmbH & Co. KG
Gutenbergstraße 2 • 46414 Rhede/Westf.
Tel.: (0 28 72) 80 74 - 300 • FAX: (0 28 72) 80 74 - 333
Internet: www.meade.de • E-Mail: info.apd@meade.de